地质灾害防治与岩土工程勘察

李聪伟　田志伟　李　阁　著

北京工业大学出版社

图书在版编目（CIP）数据

地质灾害防治与岩土工程勘察 / 李聪伟，田志伟．
李阁著． -- 北京 ： 北京工业大学出版社，2024. 12.
ISBN 978-7-5639-8732-0

Ⅰ．P694；TU412

中国国家版本馆CIP数据核字第2024ZP8363号

地质灾害防治与岩土工程勘察
DIZHI ZAIHAI FANGZHI YU YANTU GONGCHENG KANCHA

著　　者：李聪伟　田志伟　李　阁
责任编辑：付　存
封面设计：阿　苏
出版发行：北京工业大学出版社
　　　　　（北京市朝阳区平乐园 100 号　邮编：100124）
　　　　　010-67391722（传真）bgdcbs@sina.com
经销单位：全国各地新华书店
承印单位：河北文盛印刷有限公司
开　　本：787 毫米×1092 毫米　1/16
印　　张：10.5
字　　数：205 千字
版　　次：2024 年 12 月第 1 版
印　　次：2025 年 1 月第 1 次印刷
标准书号：ISBN 978-7-5639-8732-0
定　　价：58.00 元

前　言

地质灾害是在人为因素或者自然因素的作用下形成的一种灾害形式，地质条件的明显差异也是造成地质灾害种类多种多样的主要因素。地质灾害极大地影响着人类的生存与社会发展，因此各个地区加强对地质灾害的防治也就显得尤其重要。相关工作人员要根据具体的地质环境，制订详细的地质灾害防治工作计划，采用有效的地质灾害防治措施，融合地质环境与地质灾害防治，从多个方面降低地质灾害的发生率。近年来，我国社会经济发展模式的转型和升级在很大程度上改善了生态环境，地质灾害的防治管理模式更加精细化，降低了大规模地质灾害事件的发生概率。

岩土工程勘察是地质灾害防治中至关重要的一环。岩土工程勘察工作是各种工程项目的基础施工内容，与工程建设的安全性及施工质量具有直接关系。在岩土工程的施工建设中运用勘察技术，可以保障岩土工程勘察工作的科学性与有效性，对于保障岩土工程设计的科学性与建设施工的安全性具有极为重要的意义。而现阶段岩土工程的施工条件愈发复杂，以往的勘察技术已经无法解决现阶段岩土工程勘察中存在的技术问题。只有持续地优化与改进勘察技术，再与施工场地的具体情况相结合，组建具有较强专业能力的技术团队，才可以确保岩土工程的勘察工作顺利完成，从而实现岩土工程的经济与社会效益。

本书首先系统地对地质灾害与风险管理基础知识进行了阐释，涵盖地质灾害的概述、地质灾害风险及管理等内容，让读者对地质灾害有初步的认知；其次对地质灾害防治、土地综合整治、矿井开拓布局、矿井通风技术等内容进行了深入的分析；再次对岩土工程勘察的基础、类别与要求以及室内试验技术进行了阐释；最后对岩土工程勘察提出了一些建议。本书内容准确、结构合理、条理清晰，希望可以为从事地质灾害防治与岩土工程勘察的学者与专业工作人员提供参考。

本书由李聪伟、田志伟、李阁共同撰写，感谢寇晖、鲁凯娟、李瑞波、谢承平参与本书的统筹工作。

本书在写作过程中参考和引用了其他文献的内容，在此向相关作者表示感谢。限于作者的水平及认识的局限性，书中难免有不足之处，恳请广大读者批评指正。

目　录

第一章　地质灾害与风险管理基础知识

第一节　地质灾害的概述

随着经济社会的发展，崩塌、滑坡、泥石流等地质灾害对人民群众的生命和财产安全构成的威胁仍然存在。地质灾害作为一种地质过程，始终存在于地球演化的历史中，对人类及环境产生影响。人类活动的加剧，对地质过程的影响日益显著；地质过程的演变加快，进而又影响着人类生存和发展的质量。这促使人类加强地质灾害的研究，深化对地质灾害的认识和提高对地质灾害的防范能力。

一、地质灾害的基本概念

(一) 灾害与地质灾害

1. 灾害

有专家对灾害的定义是：一次在时间和空间上较为集中的事故，事故发生期间当地的人类群体及其财产遭到严重的威胁并造成巨大损失，以致家庭结构和社会结构也受到不可忽视的影响。

灾害就是指一切对自然生态环境、人类社会的物质和精神文明建设，尤其是人们的生命财产等造成危害的天然事件和社会事件，是对能够给人类和人类赖以生存的环境造成破坏性影响的事物的总称。灾害不表示程度，通常指局部，可以扩张和发展，演变成灾难。

灾害的种类繁多，灾害可概略地分为自然灾害和人为灾害两大类。自然灾害是指主要由自然动力活动或自然环境的异常变化对人类造成危害的现象。自然灾害的种类繁多，它们的空间活动范围和表现形式各异，但是它们的形成必须具备两个条件：一是具有灾害现象的起源，即自然动力活动或自然环境的异常变化；二是具有受灾害危害的对象，即人类生命财产以及赖以生存与发展的资源、环境。在一个灾害事件中，前者可称为灾害体，后者可称为承灾体或受灾体，二者相辅相成。对灾害进行研究评价，既要认识灾害体，又要分析受灾体，要同时考虑这两个方面。

2. 地质灾害

地质灾害是指在自然或者人为因素的作用下形成的，对人类生命财产、环境造成破坏和损失的地质作用（现象）。它通常是指包括自然因素或者人为活动引发的危害人类生命和财产安全的山体崩塌、滑坡、泥石流、地面塌陷、地裂缝、地面沉降等与地质作用有关的灾害。

地质灾害是自然灾害的一种，这类灾害与地质动力活动直接相关，即在地质作用下，地质自然环境恶化，造成人类生命财产损毁或人类赖以生存与发展的资源、环境发生严重破坏。

地质作用是指促使组成地壳的物质成分、构造形式、表面形态和能量传输交换等不断变化和发展的各种作用，包括内动力地质作用、外动力地质作用和人为地质作用。这些地质作用造成的灾害都可归属于地质灾害，因此其种类很多。

由地质灾害定义可知，地质灾害的内涵包括致灾的动力条件和灾害事件的后果两个方面。

地质灾害是对人类生命财产和生产、生活环境产生损毁的地质事件，而那些仅仅是使地质环境恶化，但并没有直接破坏人类生命财产和生产、生活环境的地质事件，则称为某种地质现象或环境地质问题，而不能称为地质灾害。例如，发生在荒无人烟地区的崩塌、滑坡、泥石流，没有直接造成人类生命财产的损毁，所以不应称为灾害；而同样的崩塌、滑坡、泥石流等发生在有人类社会经济活动的地区，造成了不同程度的人员伤亡和财产损失，就构成了灾害。

3. 地质灾害的危害

地质灾害的主要危害是造成人员伤亡和摧毁城乡建筑，堵塞交通道路，毁坏工厂矿山、水利工程和农田，给人民生命财产和社会经济建设造成巨大的损失。

（二）地质灾害的属性特征

根据地质灾害定义分析，地质灾害既是一种自然现象，又是一种社会经济现象。因此，它既具有自然属性，又具有社会经济属性。

自然属性是指地质灾害的动力过程表现出的各种自然特征，如地质灾害的规模、强度、频次以及灾害活动的孕育条件、变化规律等。

社会经济属性主要是指与成灾过程密切相关的人类社会经济特征，如人口、财产、工程建设活动、资源开发、经济发展水平、防灾能力等。

由于地质灾害是自然动力活动与人类社会经济活动相互作用的结果，二者是一个统一的整体，所以尽管将地质灾害的属性特征分为自然属性和社会经济属性，但实际上地质灾害的不少特征是二者的联合体现。地质灾害具有如下特征。

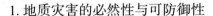

1. 地质灾害的必然性与可防御性

（1）必然性

地质灾害是地质作用的产物，是伴随地球运动而生并与人类共存的必然现象。

（2）可防御性

通过研究地质灾害的基本属性，揭示并掌握地质灾害发生、发展的条件和分布规律，进行科学的预测预报并采取适当防治措施，就可以有效地防御地质灾害的威胁，减轻地质灾害造成的损失。

2. 地质灾害的随机性和周期性

（1）随机性

地质灾害是在多因素影响下由多种动力作用形成的，其发生的时间、地点和强度具有很大的不确定性，是复杂的随机条件。

（2）周期性

受地质作用周期性规律的影响，地质灾害也具有周期性特征，常具有季节性规律特征。

3. 地质灾害的突发性和渐进性

按灾害发生和持续时间的长短，地质灾害可分为突发性地质灾害和渐进性地质灾害两大类。

（1）突发性

突发性地质灾害具有骤然发生、历时短、爆发力强、成灾快、危害大等特征，如地震、火山、滑坡、崩塌、泥石流等均属突发性地质灾害。

（2）渐进性

渐进性地质灾害是指缓慢发生，以物理的、化学的和生物的变异、迁移、交换等作用逐步发展而产生的灾害，主要有土地荒漠化、水土流失、地面沉降、煤田自燃等。

4. 地质灾害的群体性和诱发性

（1）群体性

许多地质灾害不是孤立发生或存在的，常常具有群体性的特点。崩塌、滑坡、泥石流、地裂缝等灾害的群体性表现得最为突出。

（2）诱发性

一种灾害的结果可能成为另一种灾害的诱因。如在泥石流频发区，通常有大量潜在的危岩体和滑体，暴雨后极易发生崩塌、滑坡活动，由此形成大量的碎屑物融入洪流，进而转化成泥石流灾害。

5. 地质灾害的成因多元性和原地复发性

(1) 成因多元性

不同类型的地质灾害成因各不相同，大多数地质灾害的成因具有多元性，受气候、地形、地貌、地质构造和人为活动等综合因素的制约。

(2) 原地复发性

某些地质灾害具有原地复发性，即多次发生。如泥石流频发区，一年内或连续多年多次原地发生。

6. 地质灾害的区域性

地质灾害的形成和演化往往受制于一定的区域地质条件，在空间分布上具有区域性的特点。我国"南北分区，东西分带，交叉成网"的区域构造格局，对地质灾害的分布起着重要作用。按照地质灾害的成因和类型，我国地质灾害可划分为以下四大区域。

① 地面下降、地面塌陷和矿井突水为主的东部区。

② 以崩塌、滑坡和泥石流为主的中部区。

③ 以冻融、泥石流为主的青藏高原区。

④ 以土地荒漠化为主的西北区。

7. 地质灾害的破坏性与建设性

(1) 破坏性

地质灾害对人类的主导作用是造成多种形式的破坏。

(2) 建设性

地质灾害的发生有时可能对人类产生有益的建设性作用。如黄河反复泛滥孕育了华北平原；崩塌、滑坡和泥石流堆积区则营造了山区城镇或居民点的生息之地，成为山区城镇或居民点建立的基础；岩溶地面塌陷坑（天坑）、飞来峰、火山、冰川、雅丹和丹霞地貌是现代社会重要的游览和休闲资源。

8. 地质灾害影响的复杂性和严重性

(1) 复杂性

地质灾害的发生发展有其自身复杂的规律，对人类社会经济的影响还表现出长期性、复杂性等特征。

(2) 严重性

重大地质灾害发生常造成大量的人员伤亡和财产损失。

9. 人为地质灾害的日趋显著性

由于人口的激增，人类需求快速增长，经济开发活动日益强烈，地质环境日益恶化，导致大量次生地质灾害发生。

10. 地质灾害防治的社会性和迫切性

（1）社会性

地质灾害给灾区社会经济发展造成广泛而深刻的影响，有效防治地质灾害，保护人民生命财产安全，需要全社会的广泛参与。

（2）迫切性

地质灾害的发生除导致人员伤亡和破坏房屋、铁路、公路、航道等工程设施，造成直接经济损失外，还破坏资源和环境，给灾区社会经济发展造成广泛而深刻的影响，严重妨碍和制约着灾区的经济发展、人民生活水平的提高。因此，对地质灾害的防治是必需的，也是迫切的。

（三）常见的地质灾害现象

地质灾害现象有很多种，例如：崩塌，滑坡，泥石流，地裂缝，地面沉降，地面塌陷，岩爆，坑道突水、突泥、突瓦斯，煤层自燃，黄土湿陷，岩土膨胀，沙土液化，土地冻融，水土流失，土地沙漠化及沼泽化，土壤盐碱化，以及地震、火山、地热害等。常见的地质灾害现象主要是滑坡、崩塌、泥石流、地面塌陷等。

二、地质灾害的分类分级

（一）地质灾害的分类

依据地质灾害的成因、时空分布等特征可以划分出不同的地质灾害类型。目前，按不同的原则，有多种分类方案。

1. 按空间分布状况划分

地质灾害可分为陆地地质灾害和海洋地质灾害两个系统。陆地地质灾害又分为地面地质灾害和地下地质灾害；海洋地质灾害又分为海底地质灾害和水体地质灾害。

2. 按灾害的成因划分

地质灾害可分为自然动力型、人为动力型及复合动力型。

3. 按致灾地质作用的性质和发生处所划分

地质灾害可分为地球内动力活动灾害类、斜坡岩土体运动（变形破坏）灾害类、地面变形破裂灾害类、矿山与地下工程灾害类、河湖水库灾害类、海洋及海岸带灾害类、特殊岩土灾害类、土地退化灾害类。

4. 按成灾过程的快慢划分

地质灾害可划分为突变型地质灾害和缓变型地质灾害两类。

突然发生的，并在较短时间内完成灾害活动过程的地质灾害为突变型地质灾害，包括地震灾害、火山灾害、崩塌灾害、滑坡灾害、泥石流灾害、地裂缝灾害、矿井突水灾害、冲击地压灾害、瓦斯突出灾害、围岩岩爆及大变形灾害、管涌灾害、河堤溃决灾害、海啸灾害、风暴潮灾害、海面异常升降灾害、黄土湿陷灾害、沙土液化灾害等灾种。

发生、发展过程缓慢，随时间延续累进发展的地质灾害为缓变型地质灾害，包括地面沉降灾害、煤层自燃灾害、矿井热害、海水入侵灾害、土地沙漠化灾害、海岸侵蚀灾害、海岸淤进灾害、软土触变灾害、河湖港口淤积灾害、水质恶化灾害、膨胀土胀缩灾害，冻土冻融灾害、土地盐渍化灾害、土地沼泽化灾害、水土流失灾害等灾种。

（二）地质灾害分级

1. 地质灾害分级的概念

地质灾害分级就是根据地质灾害活动或损失程度划分等级。其目的是表示地质灾害的轻重程度，便于对不同地质灾害事件或地质灾害与其他自然灾害进行对比。

2. 地质灾害分级的类型

根据分级依据不同，地质灾害分级类型有三种。

一是根据地质灾害活动的强度、规模、速度等指标反映地质灾害的活动程度分级，称为灾变等级。

二是以地质灾害的破坏损失程度分级，称为灾度等级。

三是在灾害活动概率分析基础上核算出来的期望损失的级别划分，称为风险等级。

第二节　地质灾害风险及管理

一、地质灾害风险的定义

所谓地质灾害风险是地质灾害致灾体与承灾体相互作用可能造成的人员伤亡或财产损失。

地质灾害风险的这一定义，指明了地质灾害风险构成包括三个要素，即致灾体、承灾体，以及致灾体与承灾体之间的作用力，三者缺一不可。致灾体与承灾体之间的作用力包括两个相反的作用，即致灾作用和承灾作用。致灾体的致灾作用实际上导致的是一种危险性，不考虑对象，体现了灾害的自然性；承灾体的承灾作用实际上是对地质灾害抗击能力的作用，体现了灾害的社会性。

二、地质灾害风险的特征

(一) 累积性

地质灾害的发展变化是一个过程，在这个过程中，致灾作用、承灾作用等都有一个由量变到质变的过程。随着相互作用达到一定程度，致灾作用超过承灾作用，灾害就会发生。因此，累积的过程也是不断逼近突变点的过程。地质灾害的发生都有前兆，这些前兆是地质灾害风险不断增大的表征。前兆越明显，表明风险转变为灾害的时间间隔越短。

(二) 层次性

地质灾害风险首先是点状风险，即地质灾害发生在地质灾害隐患点，当一定区域范围内存在着多处类似的地质灾害隐患点时，地质灾害风险就成为区域性风险。风险管理不仅针对隐患点，而且也针对区域。因此，地质灾害风险在空间上具有层次性。这种空间上的层次性，从行政区域角度划分，分为国家级或省级、县级、单点地质灾害风险；从空间流域角度划分，有单点地质灾害风险，小流域、大流域等不同尺度的流域地质灾害风险。目前，对地质灾害隐患点的地质灾害风险研究比较多，而且相对成熟；而区域性地质灾害风险建立在单点地质灾害风险之上，又不完全相同，对区域性地质灾害风险的研究处于实践和探索中。

(三) 不确定性

风险的不确定性，突出表现在风险的发生有一个概率，其发生取决于风险要素之间的相互作用。对地质灾害风险的防范，除取决于技术 (如监测预警的技术手段、监测仪器的灵敏度和准确率等)，还和一个地区地质灾害防治管理水平有很大关系。防治不仅需要配备一定的监测设备等硬件，还需要依赖管理人员的能力、群测群防人员的条件，否则地质灾害仍然有可能发生。因此对地质灾害风险的认识，不仅局限于地质灾害的技术层面，还必须充分考虑地质灾害防范的管理水平。而地质灾害管理中，也存在着很多不确定性，如管理人员的责任心、管理人员的素质、管理人员的身体状况等都对地质灾害风险防范起着重要作用。因此，地质灾害风险实际上是地质灾害管理、技术等多重因素导致的不确定性。

(四) 人为可控性

处于地质灾害隐患点上的人员是地质灾害的威胁对象。大量的人类工程活动也是诱发地质灾害的因素之一。同时，人类也是调控和减少地质灾害风险的重要因素。搬迁避让受威胁人员或者通过工程治理地质灾害，可以减轻或消除地质灾害对人类的威胁。因此，人类活动是降低或者消除地质灾害风险的重要因素。调控人类活动，可以达到降低或者消除地质灾害风险的目的。

三、地质灾害风险管理的内涵和特征

地质灾害风险评价的目的，是评价目前风险的可能性大小，而地质灾害风险管理的目的则是最大限度地降低风险，或者说是切断风险的链条。要阻止和延缓地质灾害发生，就需要认识到地质灾害风险的来源，从风险的来源方面进行管理。风险来源包括以下两个方面：一是管理上的风险，包括对风险管理的重视程度，如风险管理策略上采取的各种措施能否防止风险变为现实等；二是技术上的风险，包括知识缺陷的风险以及科研人员、科研水平对地质灾害防治的认知，如对致灾体的认识判断是否合理、对承灾体的认识判断是否合理、风险区划是否合理等。

广义上，风险管理包括风险评价。本书将风险评价与风险管理分开，是基于两方面原因：一方面，本书所指的风险管理主要侧重行政管理，将风险评价作为风险管理的基础性工作；另一方面，风险评价的工作主要侧重技术研究，而风险管理的工作主要侧重管理措施，两者在具体针对对象上有差异。风险评价是风险管理研究的基础，风险管理是风险评价的真正目的。风险管理是研究如何在一个有风险的环境里把风险降至最低的管理过程。本书探讨的地质灾害风险管理主要是从行政管理角度研究减少和降低地质灾害风险所带来的损失。风险管理的目的是降低风险或转移风险。风险分为可接受风险和不可接受风险，对应地质灾害风险等级，极低风险区一般认为可以忽略地质灾害风险，因而是可接受风险；而高、中、低风险区则往往需要通过管理和防治措施来降低地质灾害风险。

从传统地质灾害防治管理到风险管理需要实现五个方面的转变：一是由经验管理走向科学管理。地质灾害防治管理刚刚起步，以往的管理人员更多依赖管理者经验，地质灾害防治管理要逐步实现精细化、定量。二是管理者由单纯的技术人员走向技术与管理兼备的管理人员。地质灾害防治的行政管理体系刚刚建立，管理者不仅需要专业技术知识，而且要能够成为适应发展需要的管理人员。三是由单一管制型管理走向多元治理型管理。地质灾害风险管理涉及的领域十分广泛，从以往的单一救灾管理向调查评价、监测预警、防治、应急等方面拓展。四是从技术型管理走向社会化管理。地质灾害防治管理是一项社会管理职能，传统地质灾害防治管理局限于地质灾害防治技术管理层面，管理对象主要针对计划经济时期的地质队，没有承担更多的社会管理职能。而地质灾害风险管理越来越具有公共服务功能，因而具

有社会性。风险管理必须从社会管理角度去认识地质灾害防治。五是从事务性管理向战略化管理转变。

从管理角度来分析，地质灾害风险管理是以地质灾害隐患点为载体，对与之相关的对象要素进行组织、控制、指导，以隐患点调查、监控、治理、应急等为主要内容，采用各种方法和技术，达到有效减轻或降低、消除地质灾害风险的过程。

这一定义有五方面的内涵：一是明确了风险的来源和风险的范围。没有地质灾害隐患点，没有隐患点的区域，也就不存在地质灾害风险管理。二是明确了地质灾害风险管理的对象。风险管理对象不是地质灾害隐患点和风险要素，而是与隐患点和风险要素相关的对象。三是明确了地质灾害风险管理的内容。风险管理是一个从预防到应急的全过程防治，它和应急管理的区别在于风险管理更注重超前、预防的管理行为，不是临时性措施。四是明确了地质灾害风险管理要有方法和技术支撑。采用各种方法来达到风险管理的目的，这些方法不仅是技术方法，还包括行政、经济、法律等多种方法及信息化技术等。五是明确了地质灾害风险管理的目标是减轻、降低或者消除地质灾害风险。

地质灾害风险管理的这一定义，表明它具有如下特征：一是风险管理的整体性。风险存在于管理的全过程，因此必须全面地进行风险管理。风险管理贯穿于从风险判别到风险控制的全过程，特别是要强调反馈在风险管理中的重要作用。风险管理的过程一定要有结果反馈和评估，使其成为新的风险管理的起点。二是风险管理的系统性。地质灾害风险防范，不仅仅是灾后的应急，更是灾前的防范。通过对风险相关因素的分析与调控，降低地质灾害发生的风险。具体风险管理的思路是降低危险性、降低易损性，从而最大限度地减少风险的发生。风险管理涉及管理内容、管理手段和方法等基本问题。三是风险管理的阶段性。风险管理是地质灾害防治管理发展到一定阶段的需求产物，不能脱离管理科学的一般规律。表1-1给出了地质灾害应急管理与风险管理的不同点。

表1-1　地质灾害应急管理与风险管理比较

项目	应急管理	风险管理
关注重点	重点关注致灾因子和灾害事件本身	重点关注脆弱性和风险因素
	单体的、以事件为基础	动态的、综合多种风险因素
	单纯应对某个单独事件	以减轻或消除灾害风险为目标，不断评估各项政策并更新
过程运作	有规定的预案，并以特定区域为条件	操作过程需要通过政策实施，政策适时更新
	单个机构或职能部门，或者少数机构或职能部门的责任	需要多个机构、不同侧重领域和多种因素共同参与

续表

项目	应急管理	风险管理
过程运作	指挥和控制，直接运作	具有特定环境功能和自由协作
	关注硬件和设备建设	以实践、能力和知识为基础
	专家的主导作用	特定专家发挥的作用，辅以公共观点和优先领域的确定
时效性	紧急、迅速并在短时间内建立预测计划、关注和报告框架	可比较的、缓和的，可在长时间内建立预测计划、价值和报告框架
信息使用和管理	需要以确定的事实作为信息依据，信息需要授权	以历史信息为基础，对历史信息和当前信息的层叠，信息是不断更新的

　　对地质灾害风险管理的研究具有以下几个特点：一是具有综合性。风险管理需要综合考虑种种因素，如地质因素、社会因素、心理因素、地域因素、民族因素等，它涉及地质学、社会学、管理学等多种学科，是一门综合科学。二是具有实践性。地质灾害风险管理的认识来源于实际生活中对地质灾害管理的经验，是对这些经验的概括和总结，并反过来指导实践、接受实践的检验。地质灾害风险管理成为地质灾害防治管理的热点和一门正在研究的科学，是最近几十年的事情，是适应地质灾害防治现代化的产物。我国作为地质灾害严重的国家，要借鉴风险管理的最新成果，解决本区域地质灾害风险管理的实际问题。三是具有发展性。对地质灾害防治管理的认识总是受到一系列主客观条件的制约，需要针对不同阶段面临的实际问题进行具体研究。因此，对地质灾害风险管理的认识不是封闭、停滞的，而是开放、发展的。

第二章　地面变形地质灾害及防治技术

第一节　地面沉降灾害及防治

一、地面沉降的概念

地面沉降是在自然或人为因素作用下，地壳表层土体压缩而导致区域性地面标高降低的一种环境地质现象。

广义的地面沉降指在自然因素或人为因素影响下形成的地表垂直下降现象。导致地面沉降的自然因素主要是构造升降运动及地震、火山活动等；人为因素主要是开采地下水和油气资源以及局部性增加荷载。自然因素所形成的地面沉降范围大，速率小；人为因素引起的地面沉降一般范围较小，但速率和幅度比较大。一般情况下，把自然因素引起的地面沉降归属于地壳形变或构造运动的范畴，作为一种自然动力现象加以研究；而将人为因素引起的地面沉降归属于地质灾害现象进行研究和防治。

狭义的地面沉降是指人为因素引起的地面沉降，即某一区域内由于开采地下水或其他地下流体导致的地表浅部松散沉积物压实或压密引起的地面标高下降的现象，又称作地面下沉或地陷。

二、地面沉降的危害

地面沉降所造成的破坏和影响是多方面的，涉及资源利用、经济发展、环境保护、社会生活、农业耕作、工业生产、城市建设等各个领域。其主要危害表现为地面标高损失，继而造成雨季地表积水，防洪泄洪能力下降；沿海城市低地面积扩大、海堤高度下降而引起海水倒灌；海港建筑物被破坏，装卸能力降低；地面运输线和地下管线扭曲断裂；城市建筑物基础下沉脱空开裂；桥梁净空减小，影响通航；深井井管上升，井台破坏，城市供水及排水系统失效；农村低洼地区洪涝积水，使农作物减产；等等。地面沉降造成的损失是综合的，危害是长期的、永久的，其危害程度也是逐年增加的。

(一) 沿海城市海水侵袭

世界上有许多沿海城市，由于地面沉降致使部分地区地面标高降低，甚至低于海平面。这些城市经常遭受海水的侵袭，严重危害当地的生产和生活。为了防止海潮的威胁，人们不得不投入巨资加高地面或修筑防洪墙、护岸堤。

如我国上海市的黄浦江沿岸，由于地面下沉，江水经常倒灌，影响沿江交通，威胁码头仓库。虽然风暴潮是气象方面的因素引起的，但地面沉降损失近 3 m 的地面标高也是江水倒灌的重要原因。地面沉降也使内陆平原城市或地区遭受洪水灾害的次数增多、危害程度加重。可以说，低洼地区洪涝灾害是地面沉降的主要致灾特征。

(二) 港口设施失效

地面下沉使码头失去效用，港口货物装卸能力下降。如我国上海市海轮停靠的码头，高潮时江水涌上地面，货物装卸被迫停顿。

(三) 桥墩下沉，影响航运

桥墩随地面沉降而下沉，使桥下净空减小，导致水上交通受阻，大船无法通航，中小船通航也受到影响。

(四) 地基不均匀下沉，建筑物开裂倒塌

地面沉降往往使地面和地下建筑遭受巨大的破坏，例如：建筑物墙壁开裂或倒塌、高楼脱空，深井井管上升、井台破坏，桥墩不均匀下沉，自来水管弯裂漏水，等等。例如我国江阴市某地地面塌陷，出现长达 150 m 以上的沉降带，造成房屋墙壁开裂、楼板松动、横梁倾斜、地面凹凸不平，有些建筑物成为危房，一座幼儿园和部分居民已被迫搬迁。

地面沉降强烈的地区，伴生的水平位移有时也很大，例如：中国福州市温泉区的地面沉降导致建筑物不均匀沉降，造成建筑物构件及整体性的破坏，影响建筑物正常使用；地面沉降造成区域性洼地，易形成大面积积水，如该地华林路—温泉路一带，造成交通堵塞，影响城市居民的正常生活；地面沉降也造成输水排水、输电管网的扭断、错开，如海山宾馆大楼曾发生输水、输电管网被扭断，影响其正常营业。

三、地面沉降防治

地面沉降主要由新构造运动或海平面相对上升而引起的地区，应根据地面沉降或海面上升速率和使用年限等，采取预留高程措施。在古河道新近沉积分布区，对

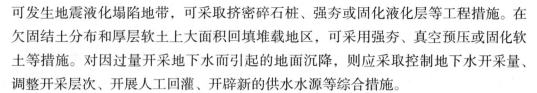

可发生地震液化塌陷地带，可采取挤密碎石桩、强夯或固化液化层等工程措施。在欠固结土分布和厚层软土上大面积回填堆载地区，可采用强夯、真空预压或固化软土等措施。对因过量开采地下水而引起的地面沉降，则应采取控制地下水开采量、调整开采层次、开展人工回灌、开辟新的供水水源等综合措施。

防治措施可分为监测预测措施、控沉措施、防护措施和避灾措施。

（一）监测预测措施

首先要加强地面沉降调查与监测工作，基本方法是设置分层标、基岩标、孔隙水压力标、水准点、水动态监测点、海平面监测点等，定期进行水准测量，并进行地下水开采量、地下水位、地下水压力、地下水水质监测及回灌监测等。其次区域控制不同水文地质单元，重点监测地面沉降中心、重点城市及海岸带。查明地面沉降及致灾现状，研究沉降机理，找出沉降规律，预测地面沉降速度、幅度、范围及可能的危害，为控沉减灾提供科学依据并且建立预警机制。

（二）控沉措施

一是根据水资源条件，限制地下水开采量，防止地下水水位大幅度持续下降，控制地下水降落漏斗规模。二是根据地下水资源的分布情况，合理选择开采区，调整开采层和开采时间，避免开采地区、层位、时间过分集中。三是人工回灌地下水，补充地下水水量，提高地下水水位。

（三）防护措施

地面沉降除有时会引起工程建筑不均匀沉降外，还会引起沉降区地面高程降低，从而导致积洪滞涝、海水入侵等次生灾害。针对这些次生灾害，采取的主要防护措施是修建或加高加固防洪堤、防潮堤、防洪闸、防潮闸以及疏导河道、兴建排洪排涝工程、垫高建设场地、适当增加地下管网强度等。

（四）避灾措施

搞好规划，一些对地面沉降比较敏感的新扩建工程项目要尽量避开地面沉降严重和潜在的沉降隐患地带，以免造成不必要的损失。

对城市建设来说，不仅要研究城市化建设产生和加剧地面沉降的原因，更要研究地面沉降对城市建设和发展的影响和危害。在城市规划、工业布局、市政建设、大型建筑物的设计和建造中，必须慎重考虑地面沉降这一重要因素。此外，在城市化建设中，城市地下水资源开发利用必须充分体现保护自然资源和生态环境持续利用的生态

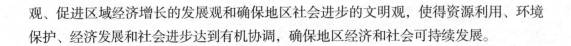

观、促进区域经济增长的发展观和确保地区社会进步的文明观，使得资源利用、环境保护、经济发展和社会进步达到有机协调，确保地区经济和社会可持续发展。

第二节　地裂缝灾害及防治

一、地裂缝的概念与特征

(一) 地裂缝的概念

地裂缝是地表岩层、土体在自然因素（地壳活动、水的作用等）或人为因素（抽水、灌溉、开挖等）作用下产生开裂，并在地面形成一定长度和宽度的裂缝的一种地质现象。有时地裂缝活动同地震活动有关，或为地震前兆现象之一，或为地震在地面上的残留变形，后者又称地震裂缝。当这种现象发生在有人类活动的地区时，便可成为一种地质灾害。

地裂缝是一种独特的城市地质灾害。我国发现，自唐山大地震以后，地裂缝活动明显加强，特别是进入 20 世纪 80 年代以来，过量抽汲承压水导致的地裂缝两侧不均匀地面沉降进一步加剧了地裂缝的活动。地裂缝所经之处，地面及地下各类建筑物开裂，破坏路面，错断地下供水、输气管道，危及一些文物古迹的安全，不但造成了重大经济损失，也给居民生活带来不便，甚至危及人们的生命安全。

地裂缝灾害是我国主要地质灾害之一，广泛分布于全国各地。调整人类工程活动和采取必要的治理措施能对地裂缝的影响起到一定的减轻与预防作用。在目前的技术水平和认识状况下，各类工程建筑绕避这类裂缝区段，是一种最为有效的减灾措施。

(二) 地裂缝的特征

地裂缝的特征主要表现为地裂缝发育的方向性和延展性、地裂缝灾害的非对称性和不均一性、地裂缝的渐进性及地裂缝的周期性。

1.地裂缝发育的方向性和延展性

地裂缝常沿一定方向延伸，在同一地区发育的多条地裂缝延伸方向大致相同。地裂缝造成的建筑物开裂通常由下向上蔓延，以横跨地裂缝或与其成大角度相交的建筑物破坏最为强烈。地裂缝灾害在平面上多呈带状分布。从规模上看，多数地裂缝的长度为几十米至几百米，长者可达几千米。平面上地裂缝一般呈直线状、雁行状或锯齿状，剖面上多呈弧形、Ｖ形或放射状。

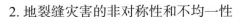

2.地裂缝灾害的非对称性和不均一性

地裂缝以相对差异沉降为主，其次为水平拉张和错动。地裂缝的灾害效应在横向上由主裂缝向两侧致灾强度逐渐减弱，而且地裂缝两侧的影响宽度以及对建筑物的破坏程度具有明显的非对称性。同一条地裂缝的不同部位，地裂缝活动强度及破坏程度也有差别，在转折部位相对较重，显示出不均一性。

3.地裂缝灾害的渐进性

地裂缝灾害是因地裂缝的缓慢蠕动扩展而逐渐加剧的。所以，随着时间的推移，其影响和破坏程度日益加重，最后可能导致房屋及建筑物的破坏和倒塌。

4.地裂缝灾害的周期性

地裂缝活动受区域构造运动及人类活动的影响，因此，在时间序列上往往表现出一定的周期性。当区域构造运动强烈或人类过量抽取地下水时，地裂缝活动加剧，致灾作用增强；反之，则减弱。

二、地裂缝的危害

地裂缝是现代地表破坏的一种形式，其本质与裂隙差不多，但规模比裂隙大，形成的时间也比较短暂。地裂缝从20世纪中期以来，发生频率及规模逐年加剧，已成为一种区域性的主要地质灾害。

地裂缝在形成和扩展过程中对原有地形地貌的改造，对地下水补、径、排条件的影响以及对土层天然结构的破坏作用，均会引发一系列诸如潜蚀、湿陷、地面沉降或塌陷等次生地质灾害，而这些灾害又对地裂缝的活动性产生激发作用，从而形成一种恶性循环。

地裂缝活动使其周围一定范围内的地质体内产生形变场和应力场，进而通过地基和基础作用于建筑物。地裂缝两侧出现的相对沉降差及水平方向的拉张和错动，可使地表设施发生结构性破坏或造成建筑物地基的失稳。地裂缝穿越厂房民居，横切地下洞室、路基，造成城市内建筑物开裂、道路变形、管道破坏，严重危及城市建设与人民生活。地裂缝的主要危害是房屋开裂、地面设施破坏和农田漏水。我国主要有汾渭盆地地裂缝带、太行山东麓倾斜平原地裂缝带和大别山北麓地裂缝带三条巨型地裂缝带，其中汾渭盆地地裂缝带不仅规模最大、裂缝类型多，而且危害十分严重。

地裂缝活动使其周围一定范围内的地质体内产生形变场和应力场，进而通过地基作用于建筑物。地裂缝两侧出现的相对沉降差及水平方向的拉张和错动，可使地表设施发生结构性破坏或造成建筑物地基的失稳。地裂缝穿越厂房民居、横切地下洞室、路基，造成城市内建筑物开裂、道路变形、管道破坏，严重危及城市建设与

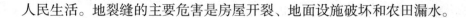

人民生活。地裂缝的主要危害是房屋开裂、地面设施破坏和农田漏水。

三、地裂缝灾害的防治

地裂缝灾害是一种与人类工程活动有关的环境地质灾害，它的发生频率与强度是内、外动力地质作用及人类工程活动共同作用的结果。人类工程活动的盲目性和不科学性缩短了地裂缝的活动周期，也增大了地裂缝的灾害规模。因此，要减轻和缓解地裂缝的灾害规模与灾害程度，就必须分析地裂缝的发生、发展原因，科学规划城市的发展建设，以实现区域可持续发展。

地裂缝灾害多数发生在由主要地裂缝所组成的地裂缝带内，所有横跨主地裂缝的工程和建筑都可能受到破坏。防治地裂缝灾害，首先通过地面勘查、地形形变测量、断层位移测量以及音频大地电场测量、高分辨率纵波反射测量等方法监测地裂缝活动情况，预测、预报地裂缝发展方向、速率以及可能的危害范围；对人为成因的地裂缝灾害防治关键在于预防，合理规划，严格禁止地裂缝附近的开采行为；对自然成因的地裂缝灾害防治则主要在于加强调查和研究，开展地裂缝易发区的区域评价，以避让为主，从而避免或减轻经济损失。

(一) 控制人为因素的诱发作用

对于非构造地裂缝，可以针对其发生的原因，采取各种措施来防止或减少地裂缝灾害的发生。例如，采取工程措施防止发生崩塌、滑坡，通过控制抽取地下水防止和减轻地面沉降塌陷等；对于黄土湿陷裂缝，主要应采取防止降水和工业、生活用水的下渗和冲刷等措施；在矿区井下开采时，根据实际情况，控制开采范围，增多、增大预留保护柱，防止矿井坍塌诱发地裂缝。

(二) 建筑设施避让防灾措施

对于构造成因的地裂缝，因为其规模大、影响范围广，所以在地裂缝发育地区进行开发建设时，首先应进行详细的工程地质勘察，调查研究区域构造和断层活动历史，对拟建场地查明地裂缝发育带及隐伏地裂缝的潜在危害区，做好城镇发展规划，即合理规划建筑物布局，使工程设施尽可能避开地裂缝危险带，特别要严格限制永久性建筑设施横跨地裂缝。一般避让宽度应为 4 ~ 10 m。

对已经建在地裂缝危险带内的工程设施，应根据具体情况采取加固措施。例如，跨越地裂缝的地下管道工程，可采用外廊隔离、内悬支座式管道并配以活动软接头连接措施等。对已遭受地裂缝严重破坏的工程设施，须进行局部拆除或全部拆除，防止对整体建筑或相邻建筑造成更大规模破坏。

(三)控制地下水超采

地下水超采是城市地裂缝活动的重要诱发因素，尤其是对水源地盲目地集中强化开采，容易导致地下水降落漏斗中心水位的降深过大，引起含水层组固结压缩的极度不均匀，在固结沉降区边缘形成较高的形变梯度，加大地裂缝在地表的变形幅度。因此，应合理控制现有水源地开采强度；同时，考虑开辟新的水源地，以减缓地面沉降形变梯度，这对降低地裂缝的活动性具有重要作用。

(四)重视对地裂缝的长期监测工作

通过观测资料的长期积累，了解地裂缝活动的特点，以进一步分析其成因，为地裂缝灾害的减灾防灾提供可靠的依据。

第三节　地面塌陷灾害及防治

一、地面塌陷的概念

地面塌陷是指地表岩、土体在自然或人为因素作用下，向下陷落，并在地面形成塌陷坑(洞)的一种地质现象。当这种现象发生在有人类活动的地区时，便可能成为一种地质灾害。

我国岩溶塌陷分布广泛，以广西、湖南、贵州、湖北、江西、广东、云南、四川、河北、辽宁等省(自治区)最为发育。地面塌陷灾害主要具有以下特征：第一，隐伏性。其发育发展情况、规模大小、可能造成地表塌陷的时间及地点具有极大的隐伏性，发生之前很难被人意识到。第二，突发性。一次完整的地面塌陷过程时间可能就 1 min 左右，因此往往使人们在地面塌陷发生时措手不及，从而造成财产损失和人员伤亡。第三，群发性与复发性。地面塌陷灾害往往不是孤立存在的，常在同一地区或某一时段集中形成灾害群。第四，损害的严重性。近年来，广州市发生地面塌陷灾害造成城市房屋地基失稳，建筑物受到破坏，地下管网受损，交通、供水、供电中断等事故发生，甚至夺去多人生命，造成重大的经济损失。

二、岩溶地面塌陷的防治

岩溶地面塌陷指覆盖在浴蚀洞穴之上的松散土体，在外动力或人为因素作用下产生的突发性地面变形破坏，其结果多形成圆锥形塌陷坑。岩溶地面塌陷是地面变形破坏的主要类型，多发生于碳酸盐岩、钙质碎屑岩和盐岩等可溶性岩石分布地区。

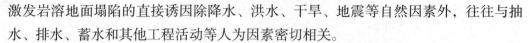

激发岩溶地面塌陷的直接诱因除降水、洪水、干旱、地震等自然因素外，往往与抽水、排水、蓄水和其他工程活动等人为因素密切相关。

在各种类型岩溶地面塌陷中，以碳酸盐岩岩溶地面塌陷最为常见。自然条件下产生的岩溶地面塌陷一般规模小、发展速度慢，不会给人类生活带来太大的影响。但在人类工程活动中产生的岩溶地面塌陷不仅规模大、突发性强，且常出现在人口聚集地区，对地面建筑物和人身安全构成严重威胁。

岩溶地面塌陷造成局部地表破坏，是岩溶发育到一定阶段的产物。所以，岩溶地面塌陷也是一种岩溶发育过程中的自然现象，可出现于岩溶发展历史的不同时期，既有古岩溶地面塌陷，也有现代岩溶地面塌陷。岩溶地面塌陷也是一种特殊的水土流失现象，水土通过塌陷向地下流失，影响地表环境的演变和改造，形成具有鲜明特色的岩溶景观。

(一) 岩溶地面塌陷的形成条件

1. 可溶岩及岩溶发育的程度

可溶岩的存在是岩溶地面塌陷形成的物质基础。中国发生岩溶地面塌陷的可溶岩主要是古生界、中生界的石灰岩、白云岩、白云质灰岩等碳酸盐岩，部分地区的晚中生界、新生界富含膏盐芒硝或钙质砂泥岩、灰质砾岩及盐岩也发生过小规模的岩溶地面塌陷。大量岩溶地面塌陷事件表明，岩溶地面塌陷主要发生在覆盖型岩溶和裸露型岩溶分布区，部分发生在埋藏型岩溶分布区。

岩溶的发育程度和岩溶洞穴的开启程度是决定岩溶地面塌陷的直接因素。从岩溶地面塌陷形成机理看，可溶岩洞穴和裂隙一方面造成岩体结构的不完整，形成局部的不稳定；另一方面为容纳陷落物质和地下水的强烈运动提供了充分条件。所以，一般情况下，可溶岩的岩溶发育越强烈，溶隙的开启性越好，溶洞的规模越大，岩溶地面塌陷越严重。

2. 覆盖层厚度、结构和性质

发生于覆盖型岩溶分布区的岩溶地面塌陷与覆盖层岩土体的厚度、结构和性质存在着密切的关系。覆盖层厚度小于 10 m 时发生岩溶地面塌陷的机会最多，覆盖层厚度为 10~30 m 时只有零星岩溶地面塌陷发生。覆盖层岩性结构对岩溶地面塌陷的影响表现为颗粒均一的砂性土最容易产生岩溶地面塌陷；层状非均质土、均一的黏性土等不易落入下伏的岩溶洞穴中。另外，当覆盖层中有土洞时，容易发生岩溶地面塌陷；土洞发育程度高，岩溶地面塌陷越严重。

3. 地下水运动

强烈的地下水运动，不但促进了可溶岩洞隙的发展，而且是形成岩溶地面塌陷

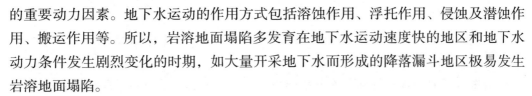

的重要动力因素。地下水运动的作用方式包括溶蚀作用、浮托作用、侵蚀及潜蚀作用、搬运作用等。所以，岩溶地面塌陷多发育在地下水运动速度快的地区和地下水动力条件发生剧烈变化的时期，如大量开采地下水而形成的降落漏斗地区极易发生岩溶地面塌陷。

4.动力条件

引起岩溶地面塌陷的动力条件主要是水动力条件，由于水动力条件的改变可使岩土体应力平衡发生改变，从而诱发岩溶地面塌陷。水动力条件发生急剧变化的原因主要有降水、水库蓄水、井下充水、灌溉渗漏以及严重干旱、矿井排水或高强度抽水等。除水动力条件外，地震、附加荷载、人为排放的酸碱废液对可溶岩的强烈溶蚀等均可诱发岩溶地面塌陷。

（二）岩溶地面塌陷的危害

岩溶地面塌陷的产生，一方面使岩溶区的工程设施（如工业与民用建筑、城镇设施、道路路基、矿山及水利水电设施等）遭到破坏；另一方面造成岩溶区严重的水土流失、自然环境恶化，同时影响各种资源的开发利用。

1.对矿山的危害

岩溶地面塌陷可成为矿坑充水的诱发型通道，严重威胁矿山开采。例如，淮南谢家集矿区，因矿井疏干排水，河底岩溶盖层很快产生塌陷，河水瞬间灌入地下，岸边的房屋也遭受破坏。

2.对城市建筑的危害

在城市地区，岩溶地面塌陷常常造成建筑物破坏、市政设施损毁。例如，辽宁省海城地区大地震诱发产生了大规模的岩溶地面塌陷，共出现陷坑200多处，直径一般为 3 ~ 4 m，最大达 10 m，深几米至几十米不等。

（三）岩溶地面塌陷的防治措施

1.控水措施

要避免或减少地面塌陷的产生，根本的办法是减少岩溶充填物和第四系松散土层被地下水侵蚀、搬运。

（1）地表水防水措施

在潜在的塌陷区周围修建排水沟，防止地表水进入塌陷区，减少向地下的渗入量。在地势低洼、洪水严重的地区围堤筑坝，防止洪水灌入岩溶孔洞。对塌陷区内严重淤塞的河道进行清理疏通，加速泄流，减少对岩溶水的渗漏补给。对严重漏水的河溪、库塘进行铺底防漏或者人工改道，以减少地表水的渗入。对严重漏水的塌

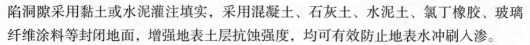

陷洞隙采用黏土或水泥灌注填实，采用混凝土、石灰土、水泥土、氯丁橡胶、玻璃纤维涂料等封闭地面，增强地表土层抗蚀强度，均可有效防止地表水冲刷入渗。

（2）地下水控水措施

根据水资源条件规划地下水开采层位、开采强度和开采时间，合理开采地下水。在浅部岩溶发育、并有洞口或裂隙与覆盖层相连通的地区开采地下水时，应主要开采深层地下水，将浅层水封住，这样可以避免岩溶地面塌陷的产生。在矿山疏干排水时，预测可能出现塌陷的地段，对地下岩溶通道进行局部注浆或帷幕灌浆处理，减小矿井外围地段地下水位下降幅度，这样既可避免塌陷的产生，也可减小矿坑涌水量。开采地下水时，要加强动态观测工作来指导合理地开采地下水，避免产生岩溶地面塌陷。必要时进行人工回灌，控制地下水水位的频繁升降，保持岩溶水的承压状态。在地下水主要径流带修建堵水帷幕，减少区域地下水补给。在矿区修建井下防水闸门，建立有效的排水系统，对水量较大的突水点进行注浆封闭，控制矿井突水、溃泥。

2. 工程加固措施

（1）清除填堵法

该方法常用于相对较浅的塌坑或埋藏浅的土洞。首先清除其中的松土，填入块石、碎石形成反滤层，其上覆盖黏土并夯实。对于重要建筑物，一般需要将坑底与基岩面的通道堵塞，可先开挖然后回填混凝土或设置钢筋混凝土板，也可进行灌浆处理。

（2）跨越法

用于比较深大的塌陷坑或土洞。对于大的塌陷坑，当开挖回填有困难时，一般采用梁板跨越，两端支承在坚固岩、土体上的方法。对建筑物地基，可采用梁式基础、拱形结构，或以刚性大的平板基础跨越、遮盖溶洞，避免塌陷危害。对道路路基，可选择塌陷坑直径较小的部位，采用整体网格垫层的措施进行整治。若覆盖层塌陷的周围基岩稳定性良好，也可采用桩基栈桥方式使道路通过。

（3）强夯法

在土体厚度较小、地形平坦的情况下，采用强夯砸实覆盖层的方法来消除土洞，提高土层的强度。通常利用 10 ~ 12 t 的夯锤对土体进行强力夯实，可压密塌陷后松软的土层或洞内的回填土，提高土体强度，同时消除隐伏土洞和松软带，这是一种预防与治理相结合的措施。

（4）钻孔充气法

随着地下水位的升降，溶洞空腔中的水气压力产生变化，可能出现气爆或冲爆塌陷。所以，在查明地下岩溶通道的情况下，将钻孔深入到基岩面下溶蚀裂隙或溶

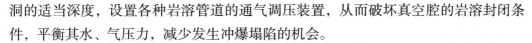

洞的适当深度，设置各种岩溶管道的通气调压装置，从而破坏真空腔的岩溶封闭条件，平衡其水、气压力，减少发生冲爆塌陷的机会。

（5）灌注填充法

在溶洞埋藏较深时，通过钻孔灌注水泥砂浆，填充岩溶孔洞或缝隙、隔断地下水流通道，达到加固建筑物地基的目的。灌注材料主要是水泥、碎料（砂、矿渣等）和速凝剂（水玻璃、氧化钙）等。

（6）深基础法

对于一些深度较大，跨越结构无能为力的土洞、塌陷，通常采用桩基工程，将荷载传递到基岩上。

（7）旋喷加固法

在浅部用旋喷桩形成一"硬壳层"，在其上再设置筏形基础。"硬壳层"厚度根据具体地质条件和建筑物的设计而定，一般为 $10\sim20\ \mathrm{m}$ 即可。

3. 非工程性的防治措施

（1）开展岩溶地面塌陷风险评价

目前，岩溶地面塌陷评价只局限于根据其主要影响因素和由模型试验获得的临界条件进行潜在塌陷危险性分区，这对岩溶地面塌陷防治决策而言是远远不够的。所以，在岩溶地面塌陷评价中，需开展环境地质学、土木工程学、地理学、城市规划、经济学、管理学等多领域、多学科协作，对潜在塌陷的危险性、生态系统的敏感性、经济与社会结构的脆弱性进行综合分析，才能达到对岩溶地面塌陷进行风险评价的目的。

（2）开展岩溶地面塌陷试验研究

开展室内模拟试验，确定在不同条件下岩溶地面塌陷发育的机理、主要影响因素及塌陷发育的临界条件，进一步揭示岩溶地面塌陷发育的内在规律，为岩溶地面塌陷防治提供理论依据。

（3）增强防灾意识，建立防灾体系

广泛宣传岩溶地面塌陷灾害给人民生命财产带来的危害和损失，加强岩溶地面塌陷成因和发展趋势的科普宣传。在国土规划、城市建设和资源开发之前，要充分论证工程地质环境效应，预防人为地质灾害的发生。建立防治岩溶地面塌陷灾害的信息系统和决策系统。在此基础上，按轻重缓急对岩溶地面塌陷灾害开展分级、分期的整治计划。与此同时，充分运用现代科学技术手段，积极推广岩溶地面塌陷灾害综合勘查、评价、预测预报和防治的新技术与新方法，逐步建立岩溶地面塌陷灾害的评估体系及监测预报网络。

第三章　斜坡地质灾害及防治技术

第一节　斜坡地质灾害的概述

一、斜坡失稳与滑坡

斜坡是指地壳表面具有侧向临空面的地质体，包括自然斜坡和人工边坡两种。自然斜坡是在一定地质环境中，在各种地质应力作用下形成和演化的自然历史过程的产物，如山坡、海岸、河岸等；人工边坡则是由于人类某种工程、经济活动而开挖或改造的斜坡，往往在自然斜坡基础上形成，其特点是具有较规则的几何形态，如建筑边坡、基坑边坡、路堑边坡和露天矿边坡等。

人工边坡是人类工程活动中基本的地质环境之一，也是工程建设中常见的工程形式。在实际工程中，由于设计或施工不当，或因地质条件的特殊复杂性难以预计，人工边坡中一部分坡体相对于另一部分坡体产生相对位移以致丧失原有稳定性，从而形成滑坡。滑坡是斜坡变形破坏的一种体现形式，是一种主要的地质灾害。

斜坡由于表面倾斜，在岩土体自重及降水等各种内外地质应力作用下，经历各种不同的发展演化阶段，并导致坡体内应力不断发生变化，整个岩土体都有从高处向低处滑动的趋势，如果岩土体内某个面上的下滑力超过抗滑力，或者面上某点的剪应力达到抗剪强度，若岩土体无支挡就可能发生滑坡，引起不同形式和规模的变形破坏。由于斜坡变形破坏释放了应力，变形破坏后的斜坡趋于新的平衡而逐渐稳定；当应力调整打破了这种平衡，斜坡又会出现新的变形破坏。具有蠕滑、鼓胀、扭裂等变形特征且边界不明显的斜坡，称为不稳定斜坡。

我国山地和丘陵面积广大，许多建筑场地设置在斜坡地段。崩塌、滑坡对城乡设施和各类建筑所造成的危害不乏其例。尤其在中西部地区的秦巴山区、川滇山区、黄土高原、东南丘陵区，斜坡变形破坏成为严重影响当地社会经济发展的地质灾害。在工程建设区，斜坡变形破坏是制约工程建设的重要因素。

斜坡变形破坏导致的滑坡对邻近工程建筑带来危害，甚至造成生命财产的重大损失。滑坡常常摧毁建筑、堵塞交通，造成人员伤亡和巨大的经济损失。我国是一个多山国家，滑坡时刻威胁着人民生命财产安全。所以在斜坡地段为了合理有效利用土地资源和选择建筑场址，就必须评价和预测斜坡的稳定性，对可能产生危害的

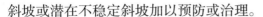

斜坡或潜在不稳定斜坡加以预防或治理。

斜坡（边坡）的失稳往往是多种因素共同作用的结果，通常将导致斜坡（边坡）失稳的这些因素归结为两大类。一类是外界力的作用破坏了岩土体原来的应力平衡状态，如路堑或基坑开挖、路堤填筑或边坡顶面上作用的外荷载，以及岩土体内水的渗流力、地震力的作用等，改变原有应力平衡状态，使边坡坍塌；另一类是斜坡（边坡）岩土体的抗剪强度由于受外界各种因素的影响而降低，造成斜坡（边坡）失稳，如气候等自然条件使岩土时干时湿、收缩膨胀、冻结融化、风化等，水的渗入、软化效应、地震引起岩土性能劣化等均会造成斜坡（边坡）岩土体抗剪强度降低。

多年来，人们对斜坡变形过程、失稳形式、失稳机制、稳定性研究以及滑坡预测预报等进行了广泛而深入的研究，借助力学、数学及计算机科学的理论与方法，围绕斜坡的演化过程及滑坡的预测预报进行全方位探索，并应用到人类工程活动的实践中。经过国内外许多工程地质工作者的努力，已形成了斜坡工程分析、评价的一整套理论体系及工作方法，为人类工程建设活动奠定了理论及实践基础。

二、斜坡形态和分类

斜坡（边坡）具有坡体、坡高、坡角、坡肩、坡面、坡脚、坡顶面和坡底面等各项要素。

斜坡（边坡）设计形态多种多样，斜坡的分类通常有以下几种。

① 按照斜坡（边坡）的成因，可分为天然斜坡和人工边坡。自然界的天然斜坡是经受长期地表地质作用达到相对协调平衡的产物；人工边坡则是由于工程建设而开挖与填筑形成的边坡，又分为挖方边坡、填方边坡。

② 按照构成斜坡（边坡）坡体的岩土性质，可分为土质边坡、岩质边坡、岩土混合边坡和类土质边坡。土质边坡整体均由土体构成，按土体种类又可分为黏性土边坡、黄土边坡、膨胀土边坡、堆积土边坡、填土边坡。岩质边坡整体均由岩体构成，按岩体强度又可分为硬岩边坡、软岩边坡、风化岩边坡等；按岩体结构分为整体性（巨块状）边坡、块状边坡、层状边坡、碎裂边坡、散体状边坡。岩土混合边坡是下部为岩层、上部为土层的二元结构边坡。类土质边坡是由岩体风化而成的保留或部分继承了原岩的结构面等其他岩体特征，其稳定特性明显区别于均质土坡及岩质边坡的一类边坡。类土质边坡坡体具有特殊的稳定特性、破坏方式和加固要求。由于类土质边坡的变形面复杂，仅以少数圆弧面不足以确定它沿哪一条软弱面失稳，因此类土质边坡往往产生滑坡。

③ 按照斜坡（边坡）的稳定性程度，可分为稳定性斜坡、基本稳定斜坡、欠稳定斜坡和不稳定斜坡。该分类方法一般根据斜坡（边坡）的稳定性系数的大小进行

划分。

④按照斜坡的高度，可分为高边坡和一般边坡。土质边坡高度大于 15 m 称为高边坡，小于等于 15 m 称为一般边坡；岩质边坡高度大于 30 m 称为高边坡，小于等于 30 m 称为一般边坡。

工程实践表明，容易发生变形和滑坡的斜坡多为高边坡。所以，高边坡是研究与防治的重点。

⑤根据斜坡的断面形式，可分为直立式边坡、倾斜式边坡和台阶形边坡，以及这三种形式构成的复合形式的边坡。

⑥按斜坡的工程类型（如道路工程、水利工程、矿业工程、建筑工程），可分为路堑边坡、路堤边坡、水坝边坡、渠道边坡、坝肩边坡、库岸边坡、露天矿边坡、弃土（渣）场边坡、建筑边坡、基坑边坡等。

⑦根据斜坡使用年限，分为临时性边坡和永久性边坡。临时性边坡是指工作年限不超过两年的边坡；永久性边坡是指工作年限超过两年的边坡，永久性边坡的设计使用年限应不低于受其影响相邻建筑的使用年限。

三、斜坡变形破坏的防治措施

常用的防治斜坡变形破坏的措施主要有支挡工程、削方减载（坡率法）、排水、坡面防护工程等。下面以支挡工程为例进行介绍。

支挡工程是防治斜坡变形破坏最主要的一类工程措施。它可以改善斜坡的力学平衡条件，以达到抵抗其变形破坏的目的。常用的加固（支挡）工程结构包括挡土墙、锚固、预应力锚索（锚索）、抗滑桩等支撑和锚固结构。

（一）挡土墙

挡土墙是目前广泛采用的一种边坡支挡工程。它位于边坡的前缘，借助于自身的重力以支挡坡体土压力，且与排水措施联合使用。挡土墙的优点是结构比较简单，可以就地取材，施工方法简单，而且能够较快地起到稳定边坡的作用。但一定要把挡土墙的基础设置于最低滑动面之下的稳定地层中，墙体中应预留泄水孔，并与墙后的盲沟连接起来。

挡土墙设计一般采用库仑土压力理论，当墙体向外变形、墙后土体达到主动土压力状态时，假定土中主动土压滑动面为平面，并按滑动土层的极限平衡条件来求算主动土压力。在侧向土压力作用下，重力式挡土墙的稳定性主要靠墙身的自重来维持。

长期以来，重力式挡土墙在支挡工程中一直占有主导地位，但由于其截面大，

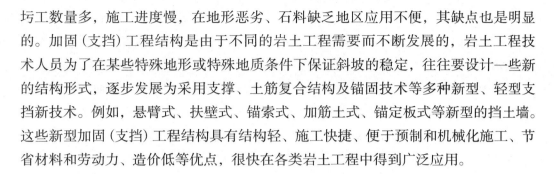

圬工数量多，施工进度慢，在地形恶劣、石料缺乏地区应用不便，其缺点也是明显的。加固（支挡）工程结构是由于不同的岩土工程需要而不断发展的，岩土工程技术人员为了在某些特殊地形或特殊地质条件下保证斜坡的稳定，往往要设计一些新的结构形式，逐步发展为采用支撑、土筋复合结构及锚固技术等多种新型、轻型支挡新技术。例如，悬臂式、扶壁式、锚索式、加筋土式、锚定板式等新型的挡土墙。这些新型加固（支挡）工程结构具有结构轻、施工快捷、便于预制和机械化施工、节省材料和劳动力、造价低等优点，很快在各类岩土工程中得到广泛应用。

（二）锚固

在斜坡工程中，当潜在的滑体沿剪切滑动面的下滑力超过抗滑力时，将会出现沿剪切面的滑移和破坏。在坚硬的岩体中，剪切面多发生在断层、解理、裂隙等软弱结构面上。在土层中，砂性土的滑面多为平面，黏性土的滑面一般为圆弧状；有时也会出现沿上覆土层和下卧基岩间的界面滑动。为了保持斜坡的稳定，一种办法是采用大量削坡直至达到稳定的边坡角；另一种办法是设置支挡结构。在许多情况下，单纯采用削坡或挡土墙往往是不经济的或难以实现的，这时可采用锚索加固斜坡。

锚固技术作为一种优越的岩土体加固技术手段，越来越广泛地应用于各种工程领域，且适用范围和使用规模仍在不断扩大。岩土锚固技术是把一种受拉杆件埋入地层，一端固定于地基或边坡的岩层或土层中，利用地层自身锚固力，以提高岩土体自身的强度和自稳能力的一门工程技术。因为这种技术能大大减轻结构物的自重、节约工程材料并确保工程的安全和稳定，具有显著的经济效益和社会效益，所以在工程中得到极其广泛的应用。

（三）预应力锚索

通过对锚索施加预应力以加固岩土体使其达到稳定状态或改善结构内部的受力状态。预应力锚索采用高强度、低松弛钢绞线制作，可用于土质、岩质地层的边坡及地基加固，其锚固段应置于稳定地层中。锚索也常与抗滑桩结合组成锚索桩，以减小抗滑桩的锚固段长度及桩身截面。预应力锚索与不同类型的反力结构结合组成不同的预应力锚索结构，如预应力锚索与钢筋混凝土框架结合组成锚索框架，与钢筋混凝土梁结合组成锚索地梁，与钢筋混凝土墩结合组成锚索墩，等等。

采用锚索加固斜坡，能够提供足够的抗滑力，并能提高潜在滑移面上的抗剪强度，有效地阻止坡体位移，这是一般支挡结构所不具备的力学作用。

在岩土体中，由于岩土体产状及软硬程度存在差异，岩质斜坡可能出现不同的失稳和破坏模式，如滑移、倾倒、转动破坏等。锚索的安设部位、倾角为抵抗斜坡失稳与破坏最有利的方向，一般锚索轴线应当与岩体主结构面或潜在的滑移成大角度相交。

锚固是处置岩质边坡的有效措施。岩体强度受结构面控制，结构面的抗滑力与作用于结构面的正应力大小密切相关。发挥边坡岩体自身强度的有效方法是通过预应力锚索来增加结构面的正应力，从而使可能失稳的岩体保持稳定。

进行锚固设计时，要做锚固力和单根锚索抗拔力的验算。在同时满足抵抗变形体对锚索系统产生的总剪切力和总拉力的前提条件下，布置锚索。锚索的布置主要取决于斜坡的破坏模式，从整个斜坡上的均匀布置到坡脚高应力区里的集中布置。通常以均匀布置较好，锚索间距一般不小于 1.5 m。间距过小会发生相互间的干扰，出现所谓"群锚效应"问题。如果工程需要设置更近些，可采用不同倾斜角或不同锚固长度的方法布设。

(四) 抗滑桩

斜坡加固工程中的抗滑桩是通过桩身将上部承受的岩土推力传给桩下部的稳定岩土体，依靠桩下部的侧向阻力来承担斜坡岩土体的下推力，从而使斜坡保持平衡或稳定。

第二节　崩塌灾害及防治

一、崩塌的概述

崩塌（崩落、垮塌或塌方）是指较陡斜坡上的岩土体在重力作用下突然脱离母体崩落、滚动、堆积在坡脚（或沟谷）的地质现象，产生在土体中者称为土崩；产生在岩体中者称为岩崩；规模巨大、涉及山体者称为山崩；悬崖陡坡上个别较大岩块的崩落称为落石；斜坡的表层岩石由于强烈风化，沿坡面发生经常性的岩屑顺坡滚落现象称为碎落。

崩塌的过程表现为岩块（或土体）顺坡猛烈地翻滚、跳跃，并相互撞击，最后堆积于坡脚，形成倒石堆。崩塌的主要特征为：下落速度快、发生突然；崩塌体脱离母岩而运动；下落过程中崩塌体自身的整体性遭到破坏，崩塌物的垂直位移大于水平位移。具有崩塌前兆的不稳定岩土体称为危岩体。

崩塌运动的形式主要有两种：一种是脱离母岩的岩块或土体以自由落体的方式而坠落；另一种是脱离母岩的岩体顺坡滚动而崩落。前者规模一般较小，从不足

$1 \, m^3$ 至数百立方米；后者规模较大，一般在数百立方米以上。

按照崩塌体的规模、范围可以分为剥落、坠石和崩落等类型。剥落的块度较小，块度大于 0.5 m 者占 25% 以下，产生剥落的岩石山坡角一般为 30°~40°；坠石的块度较大，块度大于 0.5 m 者占 50%~70%，山坡角为 30°~40°；崩落的块度更大，块度大于 0.5 m 者占 75% 以上，山坡角多大于 40°。

二、崩塌的危害

崩塌是山区常见的一种地质灾害现象。它来势迅猛，常使斜坡下的农田、厂房、水利水电设施及其他建筑物受到损害，有时还造成人员伤亡。铁路、公路沿线的崩塌常可摧毁路基和桥梁，堵塞隧道洞门，击毁行车，对交通造成直接危害，还会产生行车事故和造成人身伤亡。有时因崩塌堆积物堵塞河道，引起壅水或产生局部冲刷，导致路基水毁。为了保证人身安全、交通畅通和财产不受损失，必须对具有崩塌危险的危岩土体进行处理，这样就增加了工程投资。整治一个大型崩塌往往需要几百万甚至上千万元的资金。

三、崩塌的防治

(一) 勘察要点

要有效地防治崩塌，必须首先进行详细的调查研究，掌握崩塌形成的基本条件及其影响因素，根据不同的具体情况，采取相应的措施。

调查崩塌时，应注意以下几个方面：第一，查明斜坡的地形条件，如斜坡的高度、坡度、外形等。第二，查明斜坡的岩性和构造特征，如岩石的类型，风化破碎程度，主要构造面的产状及裂隙的充填胶结情况。第三，查明地面水和地下水对斜坡稳定性的影响及当地的地震烈度等。

(二) 防治原则

由于崩塌发生得突然而猛烈，因此治理困难而且复杂，特别是大型崩塌，一般多采用以预防为主的原则。

在工程选址或线路选线时，应注意根据斜坡的具体条件，认真分析崩塌的可能性及其规模。对有可能发生大、中型崩塌的地段，有条件绕避时，宜优先采用绕避方案。若绕避有困难时，可调整路线位置，离开崩塌影响范围一定距离，尽量减少防治工程规模，或考虑其他通过方案（如隧道、明洞等），确保行车安全。对可能发生小型崩塌或落石的地段，应视地形条件进行经济性比较，确定绕避还是设置防护

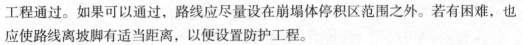

工程通过。如果可以通过，路线应尽量设在崩塌体停积区范围之外。若有困难，也应使路线离坡脚有适当距离，以便设置防护工程。

在工程设计和施工过程中，避免使用不合理的高陡边坡，避免大挖大切，以维持山体的平衡。在岩土体松散或构造破碎地段，不宜使用大爆破施工，以免由于工程技术上的错误而引起崩塌。

在整治过程中，必须遵循标本兼治、分清主次、综合治理、生物措施与工程措施相结合、治理危岩与保护自然生态环境相结合的原则。通过治理，最大限度地降低危岩失稳的诱发因素，从而达到治标又治本的目的。

另外，应加强减灾防灾科普知识的宣传，严格进行科学管理；合理开发利用坡顶平台区的土地资源，防止因城镇建设和农业生产而加快危岩的形成，尽量杜绝产生崩塌的诱发因素。

(三) 工程防治措施

崩塌、落石防治措施可分为防止崩塌发生的主动防护和避免造成危害的被动防护两种类型。具体措施的选择取决于崩塌落石历史、潜在崩塌落石特征及其风险水平、地形地貌及场地条件、防治工程投资和维护费用等。常见的防治崩塌的工程措施有：遮挡，拦截，支挡，护墙、护坡，镶补勾缝，刷坡（削坡），排水，安全网系统（SNS）技术。

1. 遮挡

遮挡即遮挡斜坡上部的崩塌落石。该措施常用于中、小型崩塌或人工边坡崩塌的防治中，通常采用修建明洞、棚洞等工程进行，在铁路工程中较为常用。

2. 拦截

对于仅在雨季才有坠石、剥落和小型崩塌的地段，可在坡脚或半坡上设置拦截构筑物，如设置落石平台和落石槽以停积崩塌物质，修建挡石墙以拦坠石，利用废钢轨、钢钎及钢丝等编制钢轨或钢钎栅栏来拦截落石。

3. 支挡

在岩石突出或不稳定的大孤石下面，修建支柱，支挡墙或用废钢轨支撑，或用石砌，或用混凝土支垛、护壁、支柱、支墩、支墙等以增加斜坡的稳定性。

4. 护墙、护坡

在易风化剥落的边坡地段修建护墙，对缓坡进行坡面喷浆、抹面、砌石铺盖、水泥护坡等以防止软弱岩层进一步风化，进行灌浆缝、镶嵌、锚栓以恢复和增强岩体的完整性。一般边坡均可采用。

5. 镶补勾缝

对坡体中的裂隙、缝、空洞，可用片石填补空洞，水泥砂浆勾缝等以防止裂隙、缝、洞的进一步发展。

6. 刷坡（削坡）

在危石、孤石突出的山嘴及坡体风化破碎的地段，采用刷坡方式放缓边坡。

7. 排水

在有水活动的地段，布置排水构筑物，以进行拦截疏导，调整水流，如修筑截水沟、堵塞裂隙、封底加固附近的灌溉引水、排水沟渠等，防止水流大量渗入岩体而恶化斜坡的稳定性。

8. SNS 技术

SNS 技术是利用钢绳网作为主要构成部分来防护崩塌落石危害的柔性安全网防护系统，它与传统刚性结构防治方法的主要差别在于该系统本身具有柔性和高强度，更能适应于抗击集中荷载和（或）高冲击荷载。当崩塌落石能量高且坡度较陡时，SNS 技术不失为一种十分理想的防护方法。

该技术包括主动系统和被动系统两大类型。主动系统通过锚索和支撑绳固定方式将钢绳网覆盖在有潜在崩塌、落石危害的坡面上，通过阻止崩塌落石发生或限制崩落岩石的滚动范围防止崩塌的发生。被动系统为一种栅栏式拦石网，它采用钢绳网覆盖在潜在崩岩的边坡面上，使崩岩滑坡面滚下或滑下而不致剧烈弹跳到坡脚之外，它对崩塌落石发生频率高、地域集中的高陡边坡的防治既有效且经济。

SNS 技术的被动系统是一种能拦截崩落的岩块、以具有足够高的强度和柔性的钢绳网为主体的金属柔性栅栏式被动拦石网。整个系统由钢绳网、减压环、支撑绳、钢柱和拉锚五个主要部分构成。与传统的拦截式刚性建筑物的主要差别在于该系统的柔性和强度足以吸收和分散崩岩能量并使系统受到的损伤最小。该系统既可有效防止崩塌灾害，又可以最大限度地维持原始地貌和植被，从而保护自然生态环境。

第三节　滑坡灾害及防治

一、滑坡的概述

（一）滑坡的定义

滑坡是指斜坡上的岩土体，受降水、地下水活动、河流冲刷、地震及人工切坡等因素影响，在重力作用下沿着一定的软弱面或者软弱带，整体或者分散顺坡向下滑动的地质现象。滑体在向下滑动时始终与下伏滑床保持接触，其水平移动分量一般大于垂直移动分量。

出于不同的研究目的，不同的研究者对滑坡有不同的定义。但总体来讲，基本上都或多或少包括了以下一些主要内容：滑坡的物质组成，具有可能滑动的空间，有一个相对稳定的滑动界面（滑面），有一定的水平位移，是一种外动力作用下的地质现象等。所以，将滑坡定义为斜坡上的岩土体沿某一界面发生剪切破坏向坡下运动的地质现象是比较恰当的。

（二）滑坡的分类

为了对滑坡进行深入研究和采取有效的防治措施，需要对滑坡进行分类。但因为自然地质条件的复杂性，以及分类的目的、原则和指标也不尽相同，所以，对滑坡的分类至今尚无统一的认识。结合我国的区域地质特点和工程实践，按滑坡体的主要物质组成和滑动时的力学特征进行的分类，有一定的现实意义。

1. 按滑坡体的主要物质组成划分

（1）堆积层滑坡

堆积层滑坡是工程中经常碰到的一种滑坡类型，多出现在河谷缓坡地带或山麓的坡积、残积、洪积及其他重力堆积层中，它的产生往往与地表水和地下水的直接参与有关。

滑坡体一般多沿下伏的基岩顶面、不同地质年代或不同成因的堆积物的接触面，以及堆积层本身的松散层面滑动。滑坡体厚度一般从几米到几十米分布。

（2）黄土滑坡

发生在不同时期的黄土层中的滑坡，称为黄土滑坡。它的产生常与裂隙及黄土对水的不稳定性有关，多见于河谷两岸高阶地的前缘斜坡上，常成群出现，且大多为中、深层滑坡。其中，有些滑坡的滑动速度很快，变形急剧，破坏力强，属于崩塌型。

（3）黏土滑坡

发生在均质或非均质黏土层中的滑坡，称为黏土滑坡。黏土滑坡的滑动面呈圆弧形，滑动带呈软塑状。黏土的干湿效应明显，干缩时多张裂，遇水作用后呈软塑或流动状态，抗剪强度急剧降低，所以黏土滑坡多发生在久雨或受水作用之后，多属中、浅层滑坡。

（4）岩层滑坡

发生在各种基岩岩层中的滑坡，称为岩层滑坡，它多沿岩层层面或其他构造软弱面滑动。这种沿岩层层面、裂隙面和前述的堆积层与基岩交界面滑动的滑坡，统称为顺层滑坡。但有些岩层滑坡也可能切穿层面滑动而成为切层滑坡。

岩层滑坡多发生在由砂岩、页岩、泥岩、泥灰岩及片理化岩层（片岩、千枚岩等）组成的斜坡上。

2. 按滑坡的力学特征划分

（1）牵引式滑坡

其主要是因为坡脚被切割（人为开挖或河流冲刷等），使斜坡下部先变形滑动，从而使斜坡的上部失去支撑，引起斜坡上部相继向下滑动。牵引式滑坡的滑动速度比较缓慢，但会逐渐向上延伸，规模越来越大。

（2）推动式滑坡

其主要是由于斜坡上部不恰当地加荷（如建筑、填堤、弃渣等），或在各种自然因素作用下，斜坡的上部先变形滑动，并挤压推动下部斜坡向下滑动。推动式滑坡的滑动速度一般较快，但其规模在通常情况下不再有较大发展。

3. 按滑坡体规模的大小划分

滑坡按滑坡体规模分为小型滑坡（滑坡体小于 3 万 m³）、中型滑坡（滑坡体为 3 万 ~ 50 万 m³）、大型滑坡（滑坡体大于 50 万 m³ 且不大于 300 万 m³）、巨型滑坡（滑坡体大于 300 万 m³）。

4. 按滑坡体的厚度大小划分

滑坡按滑坡体的厚度可分为浅层滑坡（滑坡体厚度小于 6 m）、中层滑坡（滑坡体厚度为 6 ~ 20 m）、深层滑坡（滑坡体厚度大于 20 m）。

二、滑坡的危害

滑坡是地质灾害中的主要灾种，给人民生命财产和国民经济建设带来了严重的危害，极大地影响了社会经济的发展。滑坡的广泛发育和频繁发生使城镇、矿山、交通运输及水利水电工程等受到严重危害。

（一）滑坡对城镇的危害

城镇是一个地区的政治、经济和文化中心，人口、财富相对集中，建筑密集、工商业发达。所以，城镇遭受滑坡，不仅会造成巨大的人员伤亡和直接经济损失，而且也会给其所在地区带来一定的社会影响。

著名山城重庆是中国西南地区重要的经济中心，由于所处的特殊地质地理环境和强烈的人类活动影响，滑坡频繁，已成为影响该地居民生活和城市建设的主要因素之一。

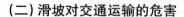
(二) 滑坡对交通运输的危害

滑坡是最为严重的一种山区铁路灾害。规模较小的滑坡可造成铁路路基上拱、下沉或平移，大型滑坡则掩埋、摧毁路基或线路，以致破坏铁路桥梁、隧道等工程。在铁路施工阶段发生滑坡，常常会延误工期；在铁路运营中发生滑坡，则常常会中断行车，甚至造成生命财产的重大损失。

山区公路也不同程度地遭受着滑坡的危害，极大地影响了交通运输的安全。中国西部地区的川藏、滇藏、川滇西、川陕西、川陕东、甘川、成兰、成阿、滇黔、天山国防公路等多条国家级公路频繁遭受滑坡的严重危害。

由于特殊的地形地貌，河流沿岸特别是峡谷地段多为滑坡的密集发生段，其对河流航运的危害和影响很大。号称黄金水道的长江是我国遭受滑坡灾害最严重的河运航道，数十年来，因滑坡造成的断航事故时有发生。

(三) 滑坡对水利水电工程的危害

滑坡对水利水电工程的危害也是极为严重的。特别是对水库而言，它不仅使水库淤积加剧、降低水库综合效益、缩短水库寿命，而且还可能毁坏电站，甚至威胁大坝及其下游的安全。

三、滑坡的防治

滑坡治理应考虑滑坡类型、成因、水文和工程地质条件的变化、滑坡阶段、滑坡稳定性、滑坡区建 (构) 筑物和施工影响等因素，分析滑坡的发展趋势及危害性，采用排水工程、削方减载与压脚工程、抗滑挡土墙工程、混凝土抗滑桩工程、预应力锚索工程、锚拉桩、格构锚固工程等进行综合治理。

不稳定的滑坡对工程和建筑物危害性较大，一般对大中型滑坡，应以绕避为宜。如果不能绕避或绕避非常不经济时，则应予以整治。滑坡的工程整治措施大致可分为消除和减轻水对滑坡的危害、改善滑坡体力学平衡条件及其他措施三类。

(一) 消除和减轻水对滑坡的危害

水是促使滑坡发生和发展的主要因素，尽早消除和减轻水对滑坡的危害，是滑坡工程整治中的关键。疏干滑坡体内地下水，以及截断和引出滑坡附近的地下水，常常是整治滑坡的根本措施。

排除地下水可使滑坡岩土体的含水率或孔隙水压力降低，边坡土体干燥，从而提高其强度指标，降低土层的重度，并可消除地下水的水压力，以提高坡体的稳定性。

(二) 改善滑坡体力学平衡条件

采取挡墙、锚固、抗滑桩等工程措施，改善滑坡体力学平衡条件，减小下滑力，增大抗滑力，达到稳定滑坡的目的。其基本原理与边坡加固措施类似。

1. 支挡工程措施

在滑坡体适当部位设置支挡建筑物（如抗滑挡土墙、抗滑明洞、抗滑桩等）可以支挡滑体或把滑体锚固在稳定地层上。由于这种方法对山体破坏小，可有效地改善滑体的力学平衡条件，故被广泛采用。其主要类型如下。

(1) 抗滑挡土墙

抗滑挡土墙是目前整治中小型滑坡中应用极为广泛而且较为有效的措施之一。

选取何种类型的抗滑挡土墙，应根据滑坡的性质、规模、类型、工程地质条件、当地的材料供应情况等条件，综合分析，合理确定，以期达到整治滑坡的同时，降低整治工程的建设费用。

抗滑挡土墙与一般挡土墙类似，但它又不同于一般挡土墙，主要表现在抗滑挡土墙所承受的土压力的大小、方向、分布和作用点等方面。一般挡土墙主要抵抗主动土压力，而抗滑挡土墙所抵抗的是滑坡体的滑坡推力。一般情况下，滑坡推力较主动土压力大。为满足抗滑挡土墙自身稳定的需要，通常抗滑挡土墙墙面坡度采用 (1:0.3) ~ (1:0.5)，甚至缓至 (1:0.75) ~ (1:1)。为增强抗滑挡土墙底部的抗滑阻力，可将其基底做成倒坡或锯齿形；为增加抗滑挡土墙的抗倾覆稳定性，可在墙后设置 1~2 m 宽的衡重台或卸荷平台。

采用抗滑挡土墙整治滑坡，对于小型滑坡，可直接在滑坡下部或前缘修建抗滑挡土墙；对于中、大型滑坡，抗滑挡土墙常与排水工程、刷方减重工程等整治措施联合适用。其优点是山体破坏小，稳定滑坡收效快。尤其对于斜坡体因前缘崩塌而引起大规模滑坡，抗滑挡土墙会起到良好的整治效果。但在修建抗滑挡土墙时，应尽量避免或减少对滑坡体前缘的开挖，必要时可设置补偿式抗滑挡土墙，在抗滑挡土墙与滑坡体前缘土坡之间反压填土。

(2) 预应力锚索

预应力锚索是对滑坡体主动抗滑的一种技术。通过预应力的施加，增强滑带的法向应力和减小滑体下滑力，有效地增强滑坡体的稳定性。预应力锚索主要由内锚固段、张拉段和外锚固段三部分构成。预应力锚索材料宜采用低松弛高强钢绞线加工。

预应力锚索设置必须保证达到所设计的锁定锚固力要求，避免由于钢绞线松弛而被滑坡体剪断；同时，必须保证预应力钢绞线有效防腐，避免因钢绞线锈蚀导致锚索强度降低，甚至破断。预应力锚索长度一般不超过 50 m，单束锚索设计吨位宜为 500～2 500 kN，不超过 3 000 kN。预应力锚索布置间距宜为 4～10 m。当滑坡体为堆积层或土质滑坡，预应力锚索应与钢筋混凝土梁、格构或抗滑桩组合使用。

（3）格构锚固

格构锚固技术是利用浆砌块石、现浇钢筋混凝土或预制预应力混凝土进行坡面防护，并利用锚索或锚索固定的一种滑坡综合防护措施。

格构锚固技术应与美化环境结合，利用框格护坡，并在框格之间种植花草，达到美化环境的目的。根据滑坡结构特征，选定不同的护坡材料。当滑坡稳定性好，但前缘表层开挖失稳出现坍滑时，可采用浆砌块石格构护坡，并用锚索固定；当滑坡稳定性差，且滑坡体厚度不大时，宜用现浇钢筋混凝土格构结合锚索（索）进行滑坡防护，须穿过滑带对滑坡阻滑；当滑坡稳定性差且滑坡体较厚、下滑力较大时，应采用混凝土格构结合预应力锚索进行防护，并须穿过滑带对滑坡阻滑。

（4）抗滑桩

抗滑桩是我国铁路部门 20 世纪 60 年代开发、研究的一种抗滑加固（支挡）工程结构，后在各个行业得到广泛的应用，是治理大中型滑坡最主要的加固（支挡）工程结构。对于高边坡加固工程来说，依据"分层开挖、分层稳定、坡脚预加固"原则，抗滑桩（预应力锚索抗滑桩）与钢筋混凝土挡板、桩间挡墙、土钉墙等结构结合，组成复合结构，大量使用在路堑边坡的坡脚预加固工程中。这些复合结构适应了高边坡的变形规律，能够有效地控制高边坡的大变形。

抗滑桩与一般桩基类似，但主要是承担水平荷载。抗滑桩是通过桩身将上部承受的坡体推力传给桩下部的侧向土体或岩体，依靠桩下部的侧向阻力来承担边坡的下推力，而使边坡保持平衡或稳定。抗滑桩适用于深层滑坡和各类非塑性流滑坡，对缺乏石料的地区和处理正在活动的滑坡更为适宜。

抗滑桩的平面位置、间距和排列等，取决于滑体的密实程度、含水情况、滑坡推力大小及施工条件等因素。通常需布置一排或数排，每排在平面上布置呈向上方的拱形，更有利于承受推力和使边桩多分担荷载。排距取决于前后桩排上的推力分配，通常是每一块滑体布设一排，设于滑体较薄的抗滑段部位，或滑坡计算剖面上下滑力较小的部位。每排桩的横向间距，在有土体自然拱的试验资料时，可参照试验数据决定；无试验资料时，可取 2～5 倍桩径，通常滑体主轴附近间距小些，两侧大些；滑体密实者间距大些，反之则小些，以免滑体从两桩之间挤出。

2. 减载和反压

减载和反压措施在滑坡防治中应用较广。对于滑床上陡下缓，滑体"头重脚轻"的滑坡或推移式滑坡，可对上部主滑段刷方减荷；也可在前部抗滑段反压填土，以

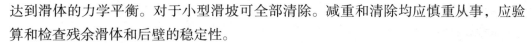

达到滑体的力学平衡。对于小型滑坡可全部清除。减重和清除均应慎重从事，应验算和检查残余滑体和后壁的稳定性。

（1）主滑段刷方减荷

对推移式滑坡，在上部主滑地段减荷，常起到根治滑坡的效果。对其他性质的滑坡，在主滑地段减荷也能起到减小下滑力的作用。减荷一般适用于滑坡床为上陡下缓、滑坡后壁及两侧有稳定的岩土体，不致因减荷而引起滑坡向上和向两侧发展造成后患的情况。对错落转变成的滑坡，采用减荷使滑坡达到平衡，效果比较显著。对有些滑坡的滑带土或滑体，具有卸载膨胀的特点，减荷后使滑带土松弛膨胀，尤其是地下水浸湿后，其抗滑力减小，引起滑坡下滑，具有这种特性的滑坡，不能采用减荷法。另外，减荷后将增大暴露面，有利于地表水渗入坡体和使坡体岩石风化，对此应充分考虑。

（2）抗滑段反压填土

在滑坡的抗滑段和滑坡外前缘堆填土石加重，如做成堤、坝等，能增大抗滑力，从而稳定滑坡；但必须注意只能在抗滑段加重反压，不能填于主滑地段。而且反压填方时必须做好地下排水工程，不能因填土堵塞原有地下水出口，造成后患。

（3）减荷和反压相结合

对于某些滑坡可根据设计计算，确定需减小的下滑力大小，同时在其上部进行部分减荷和在下部反压。减荷和反压后，应验算滑面从残存的滑体薄弱部位及反压体底面剪出的可能性。

（三）其他措施

滑坡防治的其他措施包括护坡、改善岩土性质、防御绕避等。

①护坡是为了防止降水等地表水流对斜坡的冲刷或淘蚀，也可以防止坡面岩土的风化。为了防止河水冲刷或海、湖、水库的波浪冲蚀，一般修筑挡水防护工程（如挡水墙、防波堤、砌石以及抛石护坡等）和导水工程（如导流堤、丁坝、导水边墙等）。为了防止由易风化岩石所组成的边坡表面的风化剥落，可采用喷浆、灰浆抹面和砌片石等护坡措施。

②改善岩土性质的目的，是提高岩土体的抗滑能力，也是防治斜坡变形破坏的一种有效措施。常用的有化学灌浆法、电渗排水法和焙烧法等。它们主要用于土体性质的改善，也可用于岩体中软弱夹层的加固处理。

通过采用灌浆法、焙烧法、电化学法、硅化法，以及孔底爆破灌注混凝土等措施，改变滑带土的性质，提高其强度，达到增强滑坡稳定性的目的。

③防御绕避措施一般适用于线路工程（如铁路、公路）。当线路遇到严重不稳定

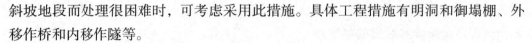

斜坡地段而处理很困难时，可考虑采用此措施。具体工程措施有明洞和御塌棚、外移作桥和内移作隧等。

以上所述各项措施，可根据具体条件选择采用，有时可采取综合治理措施。

第四节　泥石流灾害及防治

泥石流是山区沟谷中，由暴雨、冰雪融水等水源激发的、含有大量泥沙石块的特殊洪流。泥石流常发生于山区小流域，是一种饱含大量泥沙石块和巨砾的固液两相流体，呈黏性层流或稀性紊流等运动状态。泥石流暴发过程中，混浊的泥石流沿着陡峻的山涧峡谷冲出山外，堆积在山口。泥石流含有大量泥沙块石，具有发生突然、来势凶猛、历时短暂、大范围冲淤、破坏力极强的特点，常给人民生命财产造成巨大损失。

一、泥石流的形成条件

泥石流的形成过程与地形地貌、地质、水文、气象、植被、地震、人类活动等因素有关。但必须满足以下三个基本条件，即地质条件、地形条件和气象水文条件。

(一) 地质条件

流域地质条件决定了松散固体物质的来源、组成、结构、补给方式和速度等。泥石流强烈发育的山区，多是地质构造复杂、岩石风化破碎、新构造运动活跃、地震频发、崩塌滑坡灾害多发的地段。这样的地段，既为泥石流准备了丰富的固体物质来源，又因地形高耸陡峻、高差大，为泥石流活动提供了强大的动能优势。

就区域分布看，泥石流暴发区多位于新构造运动强烈的地震带或其附近。这是由于深大地震断裂带及其附近地段岩体破碎，崩塌滑坡发育，为泥石流的形成提供了物质基础。例如，南北向地震带是我国最强烈的地震带，也是我国泥石流最活跃的地带。其中，东川小江流域、西昌安宁河流域、武都白龙江流域和天水渭河流域，都是我国泥石流灾害严重的地带。受气候的影响，在此地震带上总的趋势是，南段泥石流较中段泥石流和北段泥石流更为发育。

泥石流形成区内地层岩性分布与泥石流物质组成和流态密切相关。在泥石流形成区内有大量易于被水流侵蚀冲刷的疏松土石堆积物，这是泥石流形成的最重要条件。堆积物成因可分为风化残积、坡积、重力堆积、冰碛或冰水沉积等各种类型。它们的粒度成分悬殊，大者为数十至上百立方米的巨大漂砾，小者为细砂、黏粒，

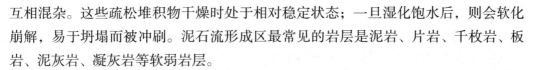

互相混杂。这些疏松堆积物干燥时处于相对稳定状态；一旦湿化饱水后，则会软化崩解，易于坍塌而被冲刷。泥石流形成区最常见的岩层是泥岩、片岩、千枚岩、板岩、泥灰岩、凝灰岩等软弱岩层。

风化作用也能为泥石流提供固体物质来源，尤其是在干旱、半干旱气候带的山区，植被不发育，岩石物理风化作用强烈，在山坡和沟谷中堆聚起大量的松散碎屑物质，便成为泥石流的补给源地。筑路、矿山开挖等形成的松散堆积弃渣也是泥石流的物源。

（二）地形条件

泥石流流域的地形特征是：山高谷深，地形陡峻，沟床纵坡大。完整的泥石流流域上游多是三面环山，一面为出口的漏斗状圈谷。这样的地形既利于储积来自周围山坡的固体物质，也有利于汇集坡面径流。地形地貌对泥石流的发生、发展主要有两方面的作用：第一，通过沟床地势条件为泥石流提供位能，赋予泥石流一定的侵蚀、搬运和堆积的能量。第二，在坡地或沟槽的一定演变阶段内，提供足够数量的水体和土石体。沟谷的流域面积、沟床平均比降、流域内山坡平均坡度及植被覆盖情况等都对泥石流的形成和发展起着重要的作用。

泥石流既是山区地貌演化中的一种外应力，又是一种地貌现象或过程。泥石流的发生、发展与分布无不受到山地地貌特征的影响。全球泥石流频发带主要分布于环太平洋山系和阿尔卑斯—喜马拉雅山系。这两大山系的新构造运动活跃，地震强烈，火山时有喷发，山体不断抬升，河流切割剧烈，地形相对高差大，为泥石流形成提供了必需的地形条件。中国的泥石流比较集中地分布在全国性三大地貌阶梯的两个边缘地带。这些地区地形切割强烈，相对高差大，坡地陡峻，坡面土层稳定性差，地表水径流速度和侵蚀速度快。这些地貌条件有利于泥石流的形成。

地形陡峻、沟谷坡降大的地貌条件不仅给泥石流的发生提供了动力条件，而且在陡峭的山坡上植被难以生长，在暴雨作用下，极易发生崩塌或滑坡，从而为泥石流形成提供了丰富的固体物质。例如，我国云南省东川地区的蒋家沟泥石流就明显具有上述特点。

（三）气象水文条件

泥石流的形成必须有强烈的地表径流，它为泥石流暴发提供动力条件。泥石流的地表径流来源于暴雨、冰雪强烈融化和水体溃决。由此可将泥石流划分为暴雨型、冰雪融化型和水体溃决型等类型。

暴雨型泥石流是我国最主要的泥石流类型。我国是夏季季风暴雨成灾的国家之一，除西北、内蒙古地区外，都受到热带、副热带湿热气团的影响，特别是云南、四川山区受孟加拉湿热气流影响较强烈，在西南季风控制下，夏秋多暴雨。一般来说，暴雨型泥石流的发生与前期降水密切相关，只有前期降水积累到一定量值时，短历时暴雨的激发作用才显著。前期降水越大，土体中含水率越高，激发泥石流发生所需的短历时降水强度就越小。

总之，水体来源是激发泥石流的决定性因素，除上述自然条件异常变化导致泥石流现象发生外，人类工程经济活动也不可忽视，它不但直接诱发泥石流灾害，往往还加重区域泥石流活动强度。人类工程经济活动对泥石流影响的消极因素很多，如毁林、开荒与陡坡耕种、放牧、水库溃决、渠水渗漏、工程和矿山弃渣不当等。这些有悖于环境保护的工程活动，往往导致大范围生态失衡、水土流失，并产生大面积山体崩塌滑坡现象，为泥石流发生提供了充足的固体物质来源，泥石流的发生、发展又反过来加剧环境恶化，从而形成一个负反馈增长的生态环境演化机制。为此必须采取固土、控水、稳流措施，抑制因人类不合理工程活动所诱发的泥石流灾害，保护建筑场地稳定。

上述三个基本条件中，前两个是内因，第三个是外因。泥石流的发生与发展是内因、外因综合作用的结果。

滑坡、崩塌与泥石流的关系也十分密切，易发生滑坡、崩塌的区域也易发生泥石流，只不过泥石流的暴发多了一项必不可少的水源条件。另外，崩塌和滑坡的物质经常是泥石流的重要固体物质来源。滑坡、崩塌还常常在运动过程中直接转化为泥石流，或者滑坡、崩塌发生一段时间后，其堆积物在一定的水源条件下生成泥石流，形成灾害链，即泥石流是滑坡和崩塌的次生灾害。泥石流与滑坡、崩塌有着许多相同的促发因素。

二、泥石流的危害

(一) 灾害性泥石流的主要特征

灾害性泥石流是指造成较严重经济损失和人员伤亡的泥石流，其主要特征表现为发作突然、来势凶猛、冲击强烈、冲淤变幅大、沟道摆动速度和幅度大等几个方面。

灾害性泥石流往往突然发作，从强降雨过程开始到泥石流暴发的间隔时间仅十几分钟至几十分钟。所以，对于低频泥石流的发生难以预测、预报。例如，成昆铁路沿线的盐井沟泥石流和利子依达沟泥石流暴发前分别有几十年没有发生泥石流灾害了，但在大暴雨的激发下，暴发泥石流，使上百人丧生，酿成惨重灾祸。

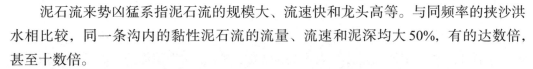

泥石流来势凶猛系指泥石流的规模大、流速快和龙头高等。与同频率的挟沙洪水相比较，同一条沟内的黏性泥石流的流量、流速和泥深均大50%，有的达数倍，甚至十数倍。

泥石流的密度可达2.3 t/m³，黏性泥石流可挟带巨大的石块快速运动，故流体的整体冲击力和大石块的撞击力均十分可观。成昆铁路利子依达沟铁路桥和东周铁路支线达德沟铁路桥曾被泥石流的强大冲击力所毁坏。

泥石流的冲淤变幅很大，是挟沙水流所无法比拟的。东川蒋家沟的一次泥石流在局部地段冲刷深度达16 m，淤积厚度在6 m以上。四川喜德汉罗沟泥石流在中游段沟床刷深3～5 m，在下游普遍淤高1～2 m，形成一片石海。泥石流的强烈冲淤可使桥涵遭受严重破坏，大片农田沦为沙砾滩，整个村庄变成废墟。

泥石流不仅冲淤变幅大、速度快，主流线左右摆动的速度和幅度也很大。稀性泥石流的这一特征更为明显，相对而言，黏性泥石流的主沟槽摆动频次较少，可是一旦发生，其幅度颇大。

(二) 泥石流的危害方式

泥石流的危害方式多种多样，主要有冲刷、冲击、堆积等。

1. 冲刷

泥石流的冲刷作用，在沟道的上游段以下切侵蚀作用为主，中游段以冲刷旁蚀为主，下游段在堆积过程中时有局部冲刷。泥石流沟道上游坡度大、沟槽狭窄。随着沟床的不断刷深，两侧岸坡坡度加大、临空面增高，沟槽两侧不稳定岩土体发生崩塌或滑坡而进入沟道，成为堵塞沟槽的堆积体；而后泥石流冲刷堆积体，再次刷深沟床。如此周而复始，山坡不断后退，进而破坏耕地和山区村寨。泥石流中游沟段纵坡较缓，多属流通段，有冲有淤，冲淤交替。冲刷作用包括下蚀和侧蚀。黏性泥石流的侧蚀不明显，一般出现于主流改道过程中；稀性泥石流的侧蚀作用明显，主流可来回摆动。泥石流下游沟道一般以堆积作用为主，但在某种情况下可出现强烈的局部冲刷。泥石流沟槽下游的导流堤在泥石流的侵蚀作用下时有溃决，从而酿成灾害。

2. 冲击

泥石流的冲击作用包括动压力、大石块的撞击力及泥石流的爬高和弯道超高等能力。泥石流具有强大的动压力、撞击力，其原因在于流体密度大、携带的石块大、流速快，处于泥石流沟槽的桥梁很容易受到泥石流强大的冲击力而毁坏。泥石流的爬高和弯道超高能力也是由泥石流强大的冲击力所引起的。

3. 堆积

泥石流的堆积作用主要出现于下游沟道,尤其多发生在沟口的堆积扇区,但在某些条件下,中、上游沟道亦可发生局部(或临时性)的堆积作用。泥石流堆积扇的强烈堆积和堆积区的迅速扩大,还可堵塞它所汇入的主河道,在主河堵塞段上、下游造成次生灾害。

除上述三种主要危害方式外,泥石流还具有磨蚀、振动、气浪和砸击等次要危害形式。它们与泥石流的规模、流态、沟床条件等因素有密切的关系。

(三) 泥石流危害的领域

泥石流可对其影响区内的城镇、道路交通、厂矿企业和农田等造成危害。我国泥石流分布广泛、活动强烈、危害严重。

1. 泥石流对城镇的危害

山区地形以斜坡为主,平地面积狭小,平缓的泥石流堆积扇往往成为山区城镇和工矿企业的建筑用地。当泥石流处于间歇期或潜伏期时,城镇建筑和居民生活安全无恙,一旦泥石流暴发或复发,这些位于山前沟口泥石流堆积扇上的城镇将遭受严重危害。

2. 泥石流对厂矿企业的危害

山区的许多厂矿建于泥石流沟道两侧河滩或堆积扇上,泥石流一旦暴发,就会造成厂毁人亡事故。我国西南地区有大量工厂因遭山洪泥石流的危害一直未能投入正常生产,经济损失巨大。在矿山建设和生产过程中,开矿弃渣、破坏植被、切坡不当、废矿井陷落引起的地面崩塌等现象,可使沟谷内松散土层剧增,雨季在地表山洪的冲刷下极易发生泥石流。

3. 泥石流对农田的危害

绝大多数泥石流对农田均有不同程度危害。泥石流对农田的危害方式有冲刷(冲毁)和淤埋两种方式。泥石流的冲刷危害集中于流域的上、中游地区,淤埋主要发生在流域的下游地区。

泥石流还对跨越泥石流沟道的桥梁、渡槽、输电、输气、输油和通信管线及水库、电厂等水利水电等工程建筑物造成危害,如成昆铁路新基古沟的桥梁、东川铁路支线达德沟桥梁等均遭遇过泥石流冲毁。

4. 泥石流的次生灾害

除上述几方面的直接危害外,泥石流还可引发次生灾害。如果泥石流体汇入河道,可能导致泥石流堵断河水,形成临时堤坝和堰塞湖,湖水位迅速上涨,造成大面积的淹没灾害,而临时堤坝溃决后又造成下游的洪涝灾害。因为支沟泥石流的汇入，主沟槽迅速淤积上涨，从而导致航道废弃和引水工程、水库工程报废等。有些河段甚至成为地上河，时常出现溃决与河流改道。泥石流活动还使流域中上游的森林植被破坏，流域水土流失，下游和干流江河河床淤浅，泄洪能力锐减，导致洪灾、旱灾加剧。

三、泥石流的防治

(一) 泥石流的预防

泥石流的预防要点如下。

① 泥石流预防应以工程建设选址为首要出发点，新建工程场址不宜选在泥石流的形成区 (汇水区除外)、流通区和堆积区。

② 若工程正在泥石流沟内建设，首先应对已建工程搬迁和泥石流进行工程防治的技术、经济对比论证，优选可行方案；然后，组织实施优选方案 (搬迁或者进行工程防治)，避让或治理泥石流灾害。

③ 对采矿弃渣、工程建设弃土，要规划选择可靠的堆放场地，不能在山坡、沟谷中随意乱堆乱放。对大规模的弃渣、弃土，在沟谷中要修建尾矿坝、淤泥坝、梯田等，截蓄弃渣、弃土。

④ 避免人为因素诱发老滑坡复活和新的崩塌、滑坡产生。

⑤ 提高山区新建水库工程质量，对泥石流沟内水库，要经常进行检查、维护，防止坝下的坝肩渗漏，杜绝溃坝；雨季，在保证水库安全的前提下，科学确定蓄水高度，合理调蓄，防止溃坝触发泥石流灾害。

(二) 泥石流的防治工程

泥石流的防治工程必须充分考虑泥石流的形成条件、类型及运动特点。

泥石流三个地形区段特征决定了其防治原则应当是：上、中、下游全面规划，各区段分别有所侧重，生物措施与工程措施并重。上游水源区宜选水源涵养林，采取修建调洪水库和引水工程等削弱水动力措施。泥石流流通区以修建减缓纵坡和拦截固体物质的拦沙坝、谷坊等构筑物为主。泥石流堆积区主要修建导流堤、急流槽、排导沟、停淤场，以改变泥石流流动路径并疏排泥石流。对稀性泥石流应以导流为主，而对黏性泥石流则应以拦挡为主。

治理措施应因地制宜，选用固稳、拦储、排导、蓄水、分水等工程，上、中、下游相结合，在短期内减小泥石流量及暴发频率。

1. 治水工程

治水工程一般修建于泥石流形成区上游，其类型包括调洪水库、截水沟、蓄水池、泄洪隧洞和引水渠等。它的作用主要是调节洪水，即拦截部分或大部分洪水，削减洪峰，减弱泥石流暴发的水动力条件。同时，利用这类工程还可灌溉农田、发电或供给生活用水。引排水工程多修建于泥石流形成区的上方或侧方，渠首应修建稳固且有足够泄洪能力的截流坝，坝体应具有防渗、防溃决能力，渠身应避免经过崩滑地段。对于山区矿山的尾矿、废石堆积区而言，则应在其上游修建排水隧洞，以避免上游洪水导入堆积区内。治水工程的主要目的是减少松散固体物质来量，促使泥石流衰退并走向衰亡。

2. 拦挡和支挡措施

(1) 拦挡工程

拦挡工程通常称为拦沙坝、谷坊坝。将建于主沟内规模较大的拦挡坝称为拦沙坝，而将无常流水支沟内规模较小的拦挡工程称为谷坊坝。这类工程已经广泛应用于世界各地的泥石流治理工程，在综合治理中多属于主要工程或骨干工程。它们多修建于泥石流流通区内，其作用主要是拦泥滞沙、护床固坡，既可以拦截部分泥沙石块、削减泥石流的规模，尤其是高坝大库作用更为明显，又可以减缓上游沟谷的纵坡降，加大沟宽，减小泥石流的流速，从而减轻泥石流对沟岸的侧蚀、底蚀作用。

拦沙坝、谷坊坝的种类繁多。从建筑结构看，可分为实体坝和格栅坝；从坝高和保护对象的作用来看，可分为低矮的挡坝群和单独高坝；从建筑材料来看，可分为砌石、土质、圬工、混凝土和预制金属构件等，如浆砌块石坝、砌块石坝、混凝土坝、土坝、钢筋石笼坝、钢索坝、钢管坝、木质坝、木石混合坝、竹石笼坝、梢料坝、砖砌坝等。

(2) 支挡工程

对于沟坡、谷坡、山坡上常常存在的个别、分散的活动性滑坡、崩塌体，可采用挡土墙、护坡等支挡工程。挡土墙多修筑于坡脚，并通过合理的布置以防止水流、泥石流直接冲刷坡脚。护坡工程则主要适用于那些长期受到水流、泥石流冲蚀，而不断发生片状、碎块状剥落，或逐渐失稳的软弱岩体边坡。除此以外，还可以在泥石流形成区上方山坡上修建能够削减坡面径流冲刷的边坡工程，以稳定大范围内的山坡，并可开发山地资源。例如，水平台阶上可以种植经济林木，而台阶之间的坡地上可以种植草皮和根系较深的乔灌木。

(3) 潜坝工程

某些暴雨型泥石流的发生多是在遇暴雨情况下，特大洪水淘蚀沟床底部沉积物而形成的。潜坝工程就是针对这一类泥石流防治的系列化、梯级化治土工程。它多建于泥石流形成区和泥石流流通区的沟床中，坝基嵌入基岩，坝顶与沟床齐平。潜坝工程的另一辅助作用是消能，即利用坝内侧的砂石垫层，消耗泥石流过坝后的动能。

3. 排导工程

这是一类重要的治理工程，它可以直接保护下方特定的工程场地、设施或某些建筑群落。其类型包括排导沟、渡槽、急流槽、导流堤、顺水坝、明洞等，其作用主要是调整泥石流流向、防止漫流。它们多建于泥石流流通区和泥石流堆积区。

排导沟是一种以沟道形式引导泥石流顺利通过防护区段并将其排入下游主河道的常见防护工程。它多修建于山口外，位于泥石流堆积区的开阔地带。它投资小、施工方便，又有立竿见影之效，所以常成为工程场地一种重要的辅助工程。

当山区公路、铁路跨越泥石流沟道时，如果泥石流规模不大，又有合适的地形，则在交叉跨越处便可修建泥石流渡槽或泥石流急流槽工程，从而使泥石流能够顺利地从这些交通线路上方的渡槽、急流槽中排走。一般地，将设于交通线路上方、坡度相对较缓的称为渡槽，而将设于交通线路下方、坡度相对较陡的称为急流槽。渡槽的设计纵坡降要大，如若泥石流体中多含大石块，则应在渡槽上方沟内修建格栅坝，以防大石块堵塞或砸烂渡槽。渡槽本身也要有足够的过流断面，且槽壁要高，以防泥石流外溢。靠近主河道一侧的渡槽基础设施要有一定的深度，并要有一定的河岸防护措施，以免河流冲刷基础设施而垮塌。

当交通线路通过泥石流严重堆积区时，若地形条件允许，则可以采用明洞方式通过，或者采用将泥石流的出口改向相邻的沟道或另辟一出口的改沟工程。

导流堤则多建于泥石流堆积扇的扇顶或山口直至沟口，其目的是控制泥石流的流向。它多为连续性的构筑物，包括土堤、石堤、砂石堤或混凝土堤等。顺水坝则多建于沟内，常呈不连续状，或为浆砌块石或为混凝土构筑物。它的主要作用是控制主流线，保护山坡坡脚免遭洪水和泥石流冲刷。导流堤往往与排导沟配套使用。

4. 储淤工程

储淤工程包括拦泥库和储淤场两类。拦泥库的主要作用是拦截并存放泥石流，多设置于泥石流流通区，其作用通常是有限的、临时的。储淤场则一般设置于泥石流堆积区的后缘，它是利用天然有利的地形条件，采用简易工程措施，如导流堤、拦淤堤、挡泥坝、溢流堰、改沟工程等，将泥石流引向开阔平缓地带，使之停积于这一开阔地带，消减下泄的固体物质，从而有效地保护建筑场地和线路。

5. 生物措施

在泥石流流域采取保护和恢复林木植被的方法，防止水土流失，从而削弱泥石流的活动，其基本途径除植树种草外，更重要的是禁止乱砍滥伐，合理耕植、放牧，防止人为破坏生物资源和生态环境。生物措施是治理泥石流的长远根本性措施，但见效慢，而且不能控制所有类别泥石流的发生。

　　上述各项工程措施和生物措施，在一条泥石流沟的全流域可综合采用。在实际工作中，要注意各大类措施各自的特点。而工程措施则几乎能适用于所有类型的泥石流防治，特别是对亟待治理的泥石流，往往有立竿见影之效，但总的来说，它是一类治标不治本的工程措施。

　　所以，泥石流防治的总体原则应当是：全面规划，突出重点，具体问题具体分析，远近兼顾，两类措施相结合，因害设防，讲求实效。

第四章　土地复垦技术与荒漠化防治

第一节　采煤沉陷地复垦技术

一、工程复垦技术

(一) 挖深垫浅复垦技术

挖深垫浅技术是将造地与挖塘相结合，即用挖掘机械（如挖掘机、推土机、泥浆泵等）将沉陷深的区域继续挖深（挖深区），形成水（鱼）塘，取出的土方充填到沉陷浅的区域形成陆地（垫浅区），达到水陆并举的利用目标。水塘除可进行水产养殖外，也可根据实际情况改造成水库、蓄水池或水上公园等，陆地可用于农业种植或建造构筑物等。

挖深垫浅复垦技术的应用条件为：沉陷深、有积水的高、中潜水位地区，如永城矿区和淮北矿区。同时，挖深区挖出的土方量应大于或等于垫浅区充填所需的土方量，使复垦后的土地达到期望的高程。

如果挖深水塘用于水产养殖，还需要满足以下条件：水质适合于水产养殖；沉陷深部加深后足以形成标准鱼塘。

挖深垫浅复垦技术的优点为：操作简单，适用面广，经济效益高，生态效益显著。挖深垫浅复垦技术的缺点为：对土壤扰动大，处理不好会导致复垦土壤条件差。

挖深垫浅复垦技术依据设备不同，可以细分为泥浆泵复垦技术、拖式铲运机复垦技术、挖掘机复垦技术、推土机复垦技术等。

1. 泥浆泵复垦技术

(1) 泥浆泵复垦原理

泥浆泵实际就是水力挖泥机，亦称水力机械化土方工程机械，由泥浆泵输泥系统、高压泵冲泥系统、配电系统或柴油机系统三部分组成。

泥浆泵复垦就是模拟自然界水流冲刷原理，运用水力挖塘机组将机电动力转化为水力而进行挖土、输土和填土作业，即由高压水泵产生的高压水，通过水枪喷出的一股密实的高压高速水柱，将泥土切割、粉碎，使之湿化、崩解，形成泥浆和泥块的混合液，再由泥浆泵通过输送管压送到待复垦的土地上，然后泥浆沉积排水达到设计标高的过程。由于泥浆泵是水力挖塘机组的核心，因此这种技术被称为泥浆泵复垦技术。对于采煤塌陷盆地来说，可以通过水力挖塘机组将塌陷较深的区域再挖深形成鱼塘，用取出的土充填塌陷较浅的区域形成平整的农田，实现挖深垫浅复垦土地的目的。

这种方法工艺简单、成本低，在我国不少矿区得到广泛应用。目前，我国一些矿区用泥浆泵进行挖深垫浅复垦的工艺流程如下。

① 产生高压水。由高压水泵将附近水池中的自由水转变成高压水，水速一般为 50 m³/h。

② 冲土水枪挖土。高压水泵产生的高压水通过冲土水枪挖土，使土壤成为泥浆状。

③ 输送土。用泥浆泵吸取泥浆并通过输泥管将泥浆输送到待复垦的土地上。

④ 充填与沉淀。泥浆充填在待复垦土地上，经自然沉淀形成复垦土壤。

⑤ 平整土地。待泥浆沉淀数月并适宜平整工作进行时，用人工或推土机进行平整。

(2) 存在的问题

用泥浆泵挖深垫浅复垦采煤沉陷地始于20世纪80年代初，但泥浆泵复垦土壤还存在许多问题，需要进一步研究解决。

① 泥浆泵复垦土壤的养分损失。由于泥浆泵复垦区土壤是由原土层经切割分散，再输送到复垦区域，其中的泥沙(固体颗粒)沉淀在复垦区，而水分连同其中的溶解物质逐渐流走排出土体。

② 泥浆泵复垦土壤的上下土层混合。泥浆泵复垦土壤失去了原有自然土壤的层次和结构，由于泥浆出口的位置变动和泥浆流经某点的速度不同，复垦土壤存在若干沉淀层次及剖面纹理，各沉淀层之间也有些粗细不同。泥浆在从出口扩散的过程中，粗颗粒总是先沉淀，细颗粒后沉淀，故与出口的距离不同，其土壤质地不一。比较好的解决方法是采用分层分块剥离、交错回填方法。尽量使表土仍充填在复垦地表层，最大限度地保证其与原土壤相近的层次结构，同时划分小块区域回填能尽快排出复垦土壤中的水分。

③ 泥浆泵复垦土壤含水量大且不易排出。由于泥浆泵复垦土壤是将原土壤上下土层经高速水流冲击混合成泥浆后输送到复垦地块沉淀而成，泥浆沉淀时间长、水分长期滞留土体中，使土地平整工序难以进行，重构土壤短期内难以采取耕作措施，严重影响复垦效果。

④ 土壤盐渍化。泥浆泵复垦土壤的盐渍化是由于泥浆中大量水分向上运移造成的土壤表层盐分累积，应当采取快速排水措施，尽快排出土体内过多的水分。

⑤ 土壤微生物以及土壤动物的破坏。土壤微生物及土壤动物在改善土壤结构及

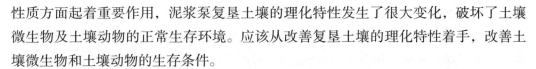

性质方面起着重要作用，泥浆泵复垦土壤的理化特性发生了很大变化，破坏了土壤微生物及土壤动物的正常生存环境。应该从改善复垦土壤的理化特性着手，改善土壤微生物和土壤动物的生存条件。

（3）工艺改进

针对上面所存在的问题，胡振琪教授等对泥浆泵复垦工艺进行了如下改进。

① 挖排水沟，降低地下水位并疏排土体内多余的水分。

② 分块分层充填，快速排出充填区土体水分。

③ 预先剥离挖深区和垫浅区表土并适当贮存，待重构区土体水分基本排出时再覆盖回重构区地表。对于原来为优质农田的沉陷区土壤重构这一点尤为重要，这样可快速恢复原土壤生产力。

④ 在复垦后的耕地上种植绿肥，一方面可消耗掉下层多余的水分，另一方面可以补充土壤养分。

2. 拖式铲运机复垦技术

施工时首先需在拟开挖鱼塘四周打井排水，以保证施工机械在无积水条件下正常作业（如果沉陷地无积水，则这一工序可省略）。然后根据复垦设计将挖深区分成若干块段（可按机械多少和地块大小而定），多台机械同时进行挖掘回填。为了保证复垦后的土地质量，剥离回填之前需要将挖深区和垫浅区的表土层剥离堆存起来。待回填到接近设计高程后，再将剥离表土回填到复垦区域，使垫浅区达到设计标高。然后进行土地平整，同时建立复垦区田间水利灌排系统，从而恢复农业用途。拖式铲运机施工虽然对土壤压实较轻，但能否真正恢复农业生产的用途，这一问题依然存在，因此，种植前最好采取一次深耕措施，适当的施肥措施对恢复土壤生产力也是必需的。而挖深区所形成的鱼塘，则用于水产养殖。

采用拖式铲运机复垦方法时，需要考虑的主要是如何解决高潜水位情况下的排水问题。因为潜水位太高时土壤松软，会造成开挖困难，并且严重破坏土壤结构，难以保证重构土壤质量。施工时可采用抽水井降低地下水位法，即在设计挖深区范围内开挖前打井抽排水，水井一般每间隔 50 m 布置一个。井深应该控制在潜水范围内，不得穿透承压水层（淮北地区一般为 10 m 左右），一般井深为 7~8 m（位于流沙层之上）即可。井径大小可为 0.6 m，抽水半径约为 30 m，采用柴油机和直径 12.7 cm 的水管连续抽水，使水位下降并保持在设计高度。

3. 挖掘机复垦技术

铲运机复垦可以很好地实现"分层剥离，交错回填"的土壤重构。但是，由于其剥离土壤是通过箕形铲刀实现的，在土壤含沙砾等困难条件下，因极容易损伤箕形铲刀，铲运机无法使用，这时候可以选择挖掘机复垦。

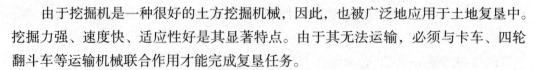

由于挖掘机是一种很好的土方挖掘机械，因此，也被广泛地应用于土地复垦中。挖掘力强、速度快、适应性好是其显著特点。由于其无法运输，必须与卡车、四轮翻斗车等运输机械联合作用才能完成复垦任务。

挖掘机复垦的主要工艺流程如下。

① 将挖深区和垫浅区划分成若干块段（依地形和土方量），并对垫浅区划分的块段边界设立小土埂以便充填。

② 将土层划分成两个层次，一是上部（40 cm 左右）的土壤层，二是下部（40 cm 以下）的硬土层。

③ 用分层剥离、交错回填的土壤重构方法和数学模型进行复垦，但在每次充填前应对垫浅区的相应地块先进行上部表土的剥离，待下层构造完成后，再将所剥离的表土回填。它使复垦后的土层厚度有所加大，可明显提高土地生产力。

4. 推土机复垦技术

推土机是沉陷地复垦施工中常用的工具，可以用于挖深垫浅、平整土地、修路开渠等方面的施工。推土机挖深垫浅法复垦与泥浆泵复垦各有侧重，同为采煤沉陷地常用的复垦工艺。以推土机为工具进行复垦施工，效率高、工期短；但推土机经济运距较短，运距过长将大大增加施工成本。

目前推土机重构土壤普遍存在上下土层混合以及土壤压实问题。它只考虑工程进度而没有注意采取表土选择、剥离与回填技术，加之机械严重压实会造成复垦耕地表层土壤性状不良，短时间内难以得到有效改良。上下土层混合问题比较好的解决方法是应用分层剥离与交错回填土壤剖面重构方法。

为节省工程投资，可只将表土剥离另外堆放在复垦地附近，等回填完毕后再将表土覆盖在生土之上。但在一些特殊情况下，也可不剥离回填表土，而将某适宜层次作为替代表土使用。如某河流冲积质复垦地，表层砂浆含量较多，原土壤层质量本来就很差。由于缺乏重构理论指导和科学规划设计，致使复垦重构土壤质量低劣，挖深区的鱼塘也漏水严重。调查取样发现，在下层 1.5 m 处有约 50 cm 厚的历史洪水冲击掩埋土壤层存在，其土壤特性与改良特性要比劣质的表层土好，在复垦工程实施过程中却明显忽略了这一点。

（二）充填复垦技术

1. 充填复垦技术概述

充填复垦技术一般是利用土壤和容易得到的矿区固体废弃物，如煤矸石、坑口和电厂的粉煤灰、露天矿排放的剥离物、尾矿渣、垃圾、沙泥、湖泥、水库库泥和江河污泥等来充填采矿沉陷地，恢复到设计地面高程，从而综合利用土地。充填复

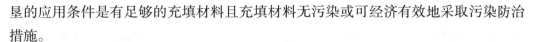

垦的应用条件是有足够的充填材料且充填材料无污染或可经济有效地采取污染防治措施。

沉陷地充填复垦是利用土壤或固体废弃物回填塌陷区至可利用高程，但一般情况下很难得到足够数量的土壤，而多利用矿山固体废弃物来充填，然后覆盖土壤，这样既处理了废弃物，又治理了塌陷破坏的土地。按主要充填物料的不同，充填复垦土地综合利用技术的主要类型有粉煤灰充填、煤矸石充填、河湖淤泥充填与尾矿渣充填等。

充填复垦技术的优点是既解决了沉陷地的复垦问题，又进行了矿山固体废弃物的处理，经济环境效益显著。其缺点是土壤生产力一般不是很高，并且可能造成二次污染。

2. 以煤矸石为填充物的复垦技术

用煤矸石作为充填物的复垦技术可分为两种情况，即新排矸复垦和预排矸覆田。新排矸石复垦是指不再起新矸石山，将矿井新产生的煤矸石直接排入塌陷坑、取土坑、采沙坑等，推平覆土造地，恢复植被或建设，称为排矸复垦土地综合利用技术，这是最经济合理的矸石覆田方式。预排矸覆田，指建井过程中和生产初期，塌陷区未形成前或未终止沉降时，在采区上方，将沉降区域的表土先剥离取出堆放四周，然后根据地表下沉预计的等值线图预先排放矸石，待塌陷稳定下沉后再覆土造田。

3. 以粉煤灰为填充物的复垦技术

燃煤电厂在生产过程中，将煤块破碎研磨成煤粉，再送入锅炉在 1 300 ～ 1 500 ℃ 的高温下燃烧，煤粉燃烧后剩余的残灰就是粉煤灰。一般每燃烧 1 000 kg 煤要产生 250 ～ 300 kg 粉煤灰。目前，除一部分粉煤灰被工业利用外，其余部分排入贮灰场。大量的粉煤灰不仅没有得到很好利用，而且还要压占宝贵的土地资源。近年来，大量坑口电厂相继建成，粉煤灰作为充填材料，用于沉陷地复垦。

沉陷地粉煤灰充填复垦是将粉煤灰直接充填到沉陷地，恢复到设计标高，然后根据复垦的目的进行土壤重构，整平造地；也可以利用电厂原有的设备，并增加所需要的输灰管道，便可将灰水直接充填到塌陷区。贮灰场沉积的粉煤灰达到设计标高后，停止冲灰，将灰水排净，然后覆土。

目前，粉煤灰充填复垦技术是我国主要的复垦技术之一。

（三）非充填复垦技术

1. 土地平整与梯田整修法

如果塌陷后地表坡度在 2° 以内，且不积水，可通过土地平整就能耕作；当塌陷后地表坡度为 2°~6° 时，可沿地形等高线修整成梯田，并略向内倾以拦水保墒。

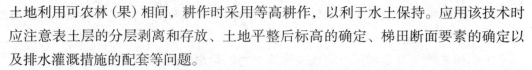

土地利用可农林（果）相间，耕作时采用等高耕作，以利于水土保持。应用该技术时应注意表土层的分层剥离和存放、土地平整后标高的确定、梯田断面要素的确定以及排水灌溉措施的配套等问题。

2.疏排法

疏排法是将开采塌陷积水区的复垦治理通过强排或自排的方式实现，即通过开挖沟渠、疏浚水系，将塌陷区积水引入附近的河流、湖泊或设泵站强行排除积水，使采煤沉陷地的积水排干，再加以必要的地表整修，使采煤沉陷地不再积水并得以恢复利用，开挖沟渠、疏浚水系是防止和减轻低洼易涝地质灾害的有效途径。

疏排法复垦需要与地表整修相结合，也可与挖深垫浅工艺配合使用。在潜水位不太高的地区，或由于地表塌陷不大，通过正常的排水措施和地表整修工程就能保证土地的恢复利用，多用在低潜水位地区或单一煤层、较薄煤层开采的高、中潜水位地区。在高潜水位矿区或中低潜水位矿区，需要根据具体情况配套修建排水设施，排水、降渍后，再经修整就可利用，该方法可对大面积的沉陷地进行复垦。

首先设计复垦后的地面标高，其次规划设计、修建排水与防洪设施、降渍系统，最后进行地表整修。防洪通常采取的方法有整修堤坝、分洪。除涝采取的方法有：分片排涝，高水高排，低水低排；排蓄结合，排灌结合；力争自排，辅以强排。

塌陷区疏排法复垦，重点需要防洪、防涝、降渍。所谓防洪就是要防止外围未受沉陷地段或山洪汇入塌陷低洼地；防涝就是要排除塌陷低洼地的积水；降渍就是在排除积水之后开挖降渍沟使潜水位下降至临界深度以下。

二、生物复垦技术

（一）绿肥法

施用绿肥是改良复垦土壤、增加有机质和氮磷钾等多种营养成分的最有效方法。凡是以植物的绿色部分当作肥料的称为绿肥。作为肥力利用而栽培的作物叫作绿肥作物，它多为豆科植物，含有丰富的有机质和氮、磷、钾等营养元素。翻压绿肥的措施叫作"压青"。矿区有许多植物可作为绿肥，比如绿豆、黄豆、萝卜青、油菜、紫花苜蓿等植物。

对我国矿区来说，复垦地土壤表土多是表土和底土的混合土，因此应该充分利用种植绿肥措施来增加土壤的养分，同时改善土壤的物理性状。种植绿肥最好采取间种和套种的方式，因为如果采取单种和混种方法，除了绿肥产量较低外，至少有一茬的作物不能种植，而采用间种和套种两种绿肥种植方式，既改善了土壤的理化特性，又可收获一定的粮食，一举两得。

(二) 施肥法

施肥法改良土壤主要以增施有机肥和化肥来提高土壤的有机质和养分含量，改善土壤的结构和理化性状。施肥法主要有两种措施：一是施用有机肥，二是施用化肥。一般来说，有机肥的作用偏重改善复垦地土壤的结构和有机质状况，特别是对复垦地土壤的结构改善效果明显；而施用化肥对土壤养分状况改善效果明显，是增加复垦地土壤养分的最有效、最快的方法。

对复垦地土壤来说，由于土质为黏土，除了粉煤灰充填复垦地的土壤外，其他工程复垦地的土壤一般都偏黏，土壤的过黏导致土壤孔隙度较小，结构性较差，通过对工程复垦地施用有机肥，利用有机肥中的有机质，可改善其土质过黏的缺点，使其能快速形成结构，土体疏松，防止土壤板结，增加土壤的保水保肥能力；另外，有机肥中含有大量作物所需要的养分，在改善土壤结构的同时还增加了土壤的养分。有机肥来源有很多，如动物的粪便、作物秸秆、塘泥、城市垃圾等都是很好的有机肥。对高潜水位矿区来说，由于沉陷地大部分采用基塘复垦、挖深垫浅等复垦方法，附近要么是鱼塘，要么是养殖场，因此塘泥或者养殖场动物的粪便就是很好的有机肥料，将这些有机肥和植物的秸秆堆在一起堆沤，然后施入复垦地中，将会大大改善土壤的质量，加快土壤的熟化。

另外一种方法就是施用化肥，主要是氮、磷肥料和氮、磷复合肥料，由于化肥的价格较高，在改良土壤时主要用作种肥或部分植物的追肥。

有机肥和化肥混合使用能够快速改善土壤的结构和土壤的养分状况，是当前矿区改良和培肥土壤时常用的措施。在施用有机肥时，要注意和精耕细作相结合，这是我国农民总结出来的经验，根据季节和土壤养分状况进行适时耙地锄地，以改善土壤的结构状况，特别是对推土机复填的土地，由于表土层压实问题严重，采用深耕疏松表土的方法，并施用有机肥料，将会迅速改善土壤的结构，使土体变得较为疏松，土壤的熟化速度加快。

(三) 微生物法

一般来说，判断土壤好坏和肥力高低的标准除了土壤的物理性状和养分状况外，土壤中微生物的数量和种类也是一个重要的标准。由于复垦地耕作层的土壤大部分是由未经过生物作用和腐殖化的生土和熟化的表土混合而成，生土中的微生物数量本身就少，再加上机械扰动的破坏，导致土壤中微生物种类和数量大大减少，所以需要采取微生物措施，加快土壤的改良和培肥速度。

微生物复垦是利用菌肥或微生物活化剂改善土壤和作物的生长营养条件，它能迅速熟化土壤，固定空气中的氮元素，参与养分的转化，促进作物对营养的吸收，分泌激素刺激作物的根系发育，抑制有害生物的活动，提高植物的抗逆性。菌肥主要用来改良土型土壤，如针对覆盖表土的充填复垦地和通过挖深垫浅、平整土等非充填形成的复垦地，改良其耕作层，加快土壤的熟化过程。生物活化剂主要用来改良无覆盖表土型的土壤，如煤矸石、露天剥离物等固体废弃物形成的土层，使其快速形成耕质土壤。

微生物复垦技术是当前国内外研究的热点，利用其进行复垦地土壤的改良和培肥具有成本低、效益高的特点，在国外发展得较快。当前，自生固氮菌、丛枝菌根真菌、磷钾细菌肥料及复合菌肥技术已成功地运用到矿区复垦地的土壤改良中。我国常采取菌肥技术对复垦地土壤进行改良，主要是利用土壤中的有益微生物制成的生物性肥料进行改良，菌肥包括细菌肥料和抗生菌肥料。使用的菌肥一般是根瘤菌肥料和固氮菌肥料。

第二节 矸石山与露天矿复垦技术

一、矸石山复垦技术

(一) 矸石山整形

矸石山的长期裸露，已经对周围环境产生了严重的危害，如土壤和地下水的污染、粉尘污染、矸石山自燃而引起的大气污染以及滑坡等地质灾害。减轻甚至避免矸石山带来的危害，除彻底清除矸石山以外，还可以对其进行整形。

一般可根据矸石山整形后的几何形状，将矸石山整修为梯田式、螺旋式和微台阶式等形式。

1. 梯田式整形方式

梯田式整形方式的主要技术参数包括边坡角、梯田落差和梯田台阶宽。

①边坡角的大小主要考虑矸石的岩石力学性质，边坡角太小，矸石山占地多，整形工程量就大；边坡角太大，边坡稳定性就差。

②梯田落差的大小，取决于矸石山整形后占地面积的大小、设计抗侵蚀能力与水土流失量的大小以及绿化的需要等因素。落差越大，梯田台阶数越少，矸石堆占地面积增大，而侵蚀量越小。

③梯田台阶宽决定了矸石堆占地量和矸石山整形的工程量。台阶越宽，占地越多，工程量越大。

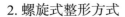

2. 螺旋式整形方式

螺旋式整形方式的主要技术参数包括边坡角 α、螺旋线沿边坡方向的间隔 d、螺旋线的切线方向与水平方向的夹角 β（螺旋线台阶面坡度）、螺旋线台阶面宽度 l。

① 边坡角与原矸石山边坡角相同，只有当原边坡角太大而使边坡不稳定时才需削缓原边坡。

② 螺旋线沿边坡方向的间隔宽度一般为一变数，山脚方向间隔较大，山顶方向间隔较小。

若要求间隔宽度不变，则螺旋线台阶面坡度就为一变数。在设计时应根据矸石山等高线图，使螺旋线间隔不要太大，以保证台阶面坡度在允许范围之内。

③ 螺旋线台阶面坡度应满足步行和运输要求，它一般兼作上山人行道和运料道。

④ 台阶面宽度只要满足绿化和行人、运输要求即可。

3. 微台阶式整形方式

微台阶式整形方式的主要技术参数包括：边坡角 α，与原矸石山边坡角相同；台阶落差 h，通常取 $2 \sim 3$ m；台阶宽度 l，通常取 $0.3 \sim 0.5$ m。

（二）矸石山植被恢复

1. 矸石山植被恢复方案

矸石山植被恢复的方案有自然恢复和人工恢复两种方法。自然恢复是指没有人为干扰，完全靠自然界的作用使矸石山恢复植被的过程。这个过程是极其缓慢的，往往需要 $50 \sim 100$ 年，甚至数百年。人工恢复是指以人为干扰的形式，通过人工整地、覆土、栽种适宜植被等恢复矸石山植被的过程。这一过程需要很大的人力、物力和投资等，其工程量特别大。因此，采用自然和人工两种恢复方法相结合，通过对废弃矸石山现有植被进行调查、统计分析，然后根据调查分析结果选择相应的植被和方法进行恢复。

2. 矸石山植被恢复技术

（1）水分保持

矸石山无土，孔隙大，渗水严重，蒸发量大，不能保持水分，这是矸石山植被恢复困难的根本原因。即使在全部覆土种植区，虽然增加浇水次数，但是由于下面矸石孔隙大，边浇边渗，仍会造成植物因缺水而生长不良的问题。因此，矸石山复垦种植必须进行配套的水保工程。

（2）土壤厚度的选择

矸石山最好盖土后种植，土层宜在 50 cm 以上。在盖土较少时（如 $10 \sim 20$ cm），

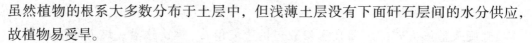

虽然植物的根系大多数分布于土层中，但浅薄土层没有下面矸石层间的水分供应，故植物易受旱。

(3) 不覆土复垦的地面处理

我国矸石山因缺土源而无法盖土，故复垦种植全靠矸石风化物和少量的客土。大多数不盖土的矸石山不易平整地面，应尽量保留地表风化物以便于种植。可先挖坑，促使矸石风化一段时间再种植，也可挖坑后将风化物集中入沟内种植，其主要目的是加厚风化层。

(4) 植物种类和栽植技术

大量资料显示，抗性强的乡土植物适合于矸石山种植，木本一般以刺槐、臭椿、侧柏、火炬松为好。在年降雨量大时，也可种植杨、柳、紫穗槐、锦鸡儿等植物。草本以豆科牧草和乔本科牧草混种为好，多种混播可发挥各种牧草的优势，不致使草地早衰。矸石山复垦种植大多无灌溉条件，全靠降水和矸石山体所蓄的水分供植物利用，故种植植物种类以及种植数量应根据矸石山可供水量而定。种植易移栽坑种。挖坑移栽，最好能用土壤填坑；无土时，则用细碎的矸石风化物填坑，并以带土移栽的成活率最高。草本宜直播种植，为不让地面高温灼伤幼苗，可薄层盖土 (2~5 cm)，亦可在"植生袋"中育苗后移栽。茂盛的植物对其环境温度有积极降低作用，因此，矸石山植被要认真选择物种，并进行合理密植。

(5) 管理技术

矸石山种植初期无病虫害，但种植时间较长也会发生病虫害，应予重视和治理。

因矸石风化物极粗，土壤中缺少植物速效养分，即便是可自行固氮的豆科植物，也还需要不少养分，因此，施肥问题是管理中较突出的问题。施肥以氮肥为主，磷肥为辅。最好是施有机肥，如当前不可能大量施有机肥，可施用城市污泥。这类符合农用标准的污泥施入矸石风化物中，不仅增加了风化物的养分和颗粒细度，还降低了地面黑度，从而降低了地面高温，促进微生物活性，所以施污泥是一种综合改良剂。如污泥速效养分不足，可配合部分化学肥料，效果更好。

二、露天矿复垦技术

露天采煤是直接剥离表土和煤层的上覆岩层，使煤层暴露后开采。在适宜的矿床和开采技术条件下，露天开采较井工开采能以较低成本达到更高的生产率和回采率。我国目前露天采煤主要分布在西部地区，随着西部大开发战略的实施，未来的露天采煤量将有大幅提高。露天采煤剧烈扰动地表，直接破坏地表景观，从而导致更为严重的水土流失、土地损毁、植被破坏、河床淤积、洪水泛滥、沙漠化等一系列环境问题，影响到土壤、植被、地质、地貌、水文甚至区域气候等各个方面。

(一) 边坡治理

一般露天矿边坡的治理方法有以下几种。

① 对坡度不符合要求，开采面已过山顶的边坡可以进行削坡减载。对于高度不大的此类边坡，也可填方压坡脚。

② 对富水地区边坡必须进行疏干排水，必要时可钻引水孔排水。

③ 对于地质条件易造成滑坡或小范围岩层滑动的岩体，须采用抗滑桩、挡石坝方法治理。

④ 对局部受地质构造影响的破碎带，采用锚索、钢筋网喷混凝土护面。

⑤ 对深部开裂、体积较大的危岩，宜采用深孔预应力锚索、长锚索进行加固。

⑥ 对于边坡石质较软，岩石风化严重，易造成小范围塌方的削坡后低处宜用挡土墙支挡，高处可采用框格式拱墙护坡。

⑦ 为防止滚石伤人，坡面要进行严格的检查撬毛工作，然后可结合绿化工程在坡上铺设金属网，或塑料格栅网挡石。

⑧ 对于地势较高的矿山，需检查矿山废渣场 (堆) 有无可能形成泥石流或坍塌，若不符合安全要求，须进行清理或建拦渣坝拦挡。

(二) 植被恢复

植被恢复是重建生物群落的第一步。它以人工手段改良其生境条件以满足某些植物的生存需要，促进植被在短时期内得以恢复，缩短自然生态系统的演替过程。

在力图恢复矿山生态系统时，由于植物生长立地条件的改变，恢复的植被结构、种类不可能与原植被一样。但这并不是说一开始就不可建立最终的冠层植被，而仅是说明其他植物种类也许可在植被恢复初期处于主导地位。随着生境条件的逐步改良，通过动物、风和水流等传播媒介的作用，一些从周围地区来的亚先锋植物物种侵入，会形成多层次植被群落。但最初的植物恢复，必须是建立自我持续的植被系统，以便其持续的过程可形成理想的植被群落。

露天开采矿山破坏了自然生态环境，出现坡面岩石裸露、地面碎石间含土量少、水分难以保持、太阳辐射强烈导致高温、干旱或水涝等极端环境条件。植被复绿必须有与之相宜的立地条件，即需创造和解决土壤条件、营养条件、物理条件和植物物种条件等。同时，要恢复植被，首先需了解植物生长和与其密切相关的因素之间的关系。

在选定了植物之后，土 (养分)、水条件是植物成活、生长的关键。

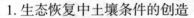

1. 生态恢复中土壤条件的创造

按矿区不同类型治理设计的要求，结合边坡治理工程的手段，可对矿山进行以下一种或同时进行数种类型相结合的生态治理。

（1）喷浆型

在大坡度岩面架立体塑料网或平面铁丝、塑料网，然后锚固，再用压力喷混机逐层喷涂混有水、土壤、肥料、有机质、疏松材料、保水剂、黏合剂等混合料的浆体，喷射到岩面上网架内，待下层固化后再喷灌至要求的厚度，然后在上层喷播含草籽的混合料。

（2）营造台阶型

对于坡度大、岩石致密稳定，放缓边坡覆土种植不易和投入较大的，可以营造台阶式，台阶一般要求为 10 m 以下，宽 1 ~ 2 m，台阶上构造种植槽，槽高 60 cm 以上，离槽底 5 cm 设排水沟，槽中回填种植土。

（3）鱼鳞坑型

对坡度 60° 以下、高度一般不大于 60 m、坡面稳定性好、底质有一定风化性的，清除浮石后交错炸坑或挖鱼鳞坑，坑口不小于 1 m，坑低边设弧形水泥石块（砖块）围栏，弧口向上向边延伸 50 ~ 100 cm，离坑底 5 cm 设排水洞，坑内填 50 cm 以上含有保水剂的有机基质（营养土）。

（4）放缓边坡覆土型

若坡度较大，高度较低，用扩大境界、放缓边坡、覆土绿化的方式进行治理。首先向后或上扒开泥土堆积层，暂存堆放，然后放缓边坡，再在坡面上回覆堆积保存泥土。

（5）矿渣堆场以及开采后岩性地面

除开发综合利用外，需植绿的可适当平整，并尽可能与周围形状吻合。一般矿渣含泥量大的可以缓慢地恢复自然生态，一般情况可进行适当客土，如上覆 5 ~ 15 cm 含有机质的表层土，种植植物能起到快速复绿的效果；含土量少或无泥的，则必须客土，并且不低于 15 cm 的厚度，用于经济林的则不低于 50 cm 的厚度。

（6）框架覆土型

含土很少或完全没有，而又坡度偏大的坡面（"石壁"），一般需要削坡处理后进行治理，也可用水泥在坡面上先构筑框架（或用其他材料做）或用空心水泥砖砌面，然后将土填入其中，再播植物。此法在草本植物长成前有较好的固土效果。

（7）暗台阶覆土型

原理同框架覆土型，适宜于陡坡状况。它就是利用锚网在坡面上搭多级台阶，水泥固化，暗台阶上覆有含一定黏合剂的土壤，再喷播植绿，前期还要覆无纺布防止雨水冲刷。

2. 边坡生态恢复工艺

（1）喷播法

液压喷播是目前用于护坡草建植的主要方式之一，利用流体力学原理把草种、灌木种子混入装有一定比例的水、木纤维、泥炭、有机肥、黏合剂、保水剂、化肥、土壤等的容器内，利用离心泵把混合料通入软管输送到喷播坪床上，形成均匀的覆盖物保护下的草种层，多余水渗入土中。纤维胶体形成半透明的保湿表层，减少水分蒸发，给种子发芽提供水分、养分和遮阴条件。纤维胶体和土表黏合，使种子遇风、雨、浇水等情况不会流失，具有良好的固种保苗作用。

（2）撒播法

在水土条件较好的地方、缓坡及平地可进行人工或机械撒播，然后把浅表土覆盖种子。

（3）原生植物移植法

原生植物移植法是将采完区段的坡面角度修成可以进行绿化的倾斜度（约40°以下），覆盖外运表土后，选取该地段附近的原生植物，在修筑坡面的同时进行移植。

（4）野生土种栽植法

从矿区周边采集种子和种苗进行播种与栽植。

（5）植生袋法

用乙烯网袋等将预先配好的土、有机基质、种子、肥料等装入袋中，袋的大小厚度视具体情况而定。一般为33 cm×16 cm×4 cm，也可放大。一般在有一定渣土的坡面使用。使用时沿坡面水平方向开沟，将植生袋吸足水后摆在沟内。摆放时种子袋与地面之间不留空隙，压实后用U形钢筋式带钩竹扦将种子袋固定在坡面上。一周后种子发芽，初期应适时浇水。

（6）堆土袋法

该法是将装土的草袋子沿坡面向上堆置，草袋子间撒入草籽及灌木种子，然后覆土并依靠自然飘落的草本类种子繁殖野生植物。

（7）藤蔓植物攀爬法

矿山中常出现岩石裸露的陡坡，不便覆土植绿。人们常利用藤蔓植物攀爬、匍匐、垂吊的特性，对山坡、墙面、岩石、坡面进行绿化或垂直绿化，如爬山虎最初以茎卷须产生吸盘吸附岩体后又产生气生根扎入岩隙附着，向上攀爬，最后以浓密的枝叶覆盖坡面而达到绿化的目的；忍冬、蔓常春藤、云南黄素馨等使其枝叶从上披垂或悬挂而下，达到遮盖坡面的效果。

选择藤蔓植物时必须注意植物性状（如阳性、阴性、耐阴性，不同坡面朝向选

择不同耐光性植物)、攀爬方式和适宜的高度。

(8) 高大乔木遮挡法

在矿山远处及坡脚覆土，宜栽植速生高大乔木或大树移栽。利用大树树体高大浓荫遮挡裸露坡面，不仅具有较好的视觉效果，同时为耐阴等爬藤植物提供良好的生态环境。

边坡生态恢复工艺除了以上方法之外，还有许多方法，诸如铺草皮法、绿篱法、插穗法、埋干法等。

(三) 露天矿采矿—复垦一体化技术

露天矿采矿—复垦一体化工艺与技术由于实现了源头控制，规范了过程管理，在采矿设计之初就将后期的复垦与治理纳入统筹考虑，使得采矿与复垦的利益最大化，已经成为国内外公认的必然选择，其实质就是边开采边复垦，是一种开采与复垦同步的技术。

横跨采场倒堆的铲斗轮开采系统是一种典型的露天区域采矿方法，适用于倾角小于8°的水平或近似水平煤层。由于这种开采方法没有运输环节，与其他露天开采工艺相比，具有投资省、成本低、工效高和复田快等一系列优点，并能形成边采矿边复垦的良性循环。其特点是：在采矿前将表土剥离并堆存，采后回填和覆置于复垦土地的表面；将煤层上覆岩层(除表土外)分成两部分，即上部松软土(常包括心土层 B 和土壤母质层 C) 和下部较硬的岩石层，并分别用两种设备分别剥离；条带间错位剥离与交错回填实现复垦后土层顺序的正位。下面以第 i 条带开采为例阐述其开采与复垦工艺。

① 剥离表土。在开采第 i 条带前，用推土机超前剥离表土并堆存于开采掘进的通道上：一般剥离厚度为 20～30 cm，同时也应超前剥离 2～3 个条带，即第 $i+1$、$i+2$、$i+3$ 条带。

② 在第 i 条带的下部较坚硬岩石上打眼放炮。

③ 用剥离铲剥离经步骤 ② 疏松的第 i 条带的下部较坚硬岩石，并堆放在内侧的采空区上(第 $i-1$ 条带上)。

④ 用可与剥离铲在矿坑内交叉移动的大斗轮挖掘机，挖掘第 $i+1$ 条带上部较松软的土层 (B 和 C 层土)，并覆盖在第 $i-1$ 条带内经步骤③操作而形成的新下部岩层——较硬岩层的剥离物。

⑤ 在剥离铲剥离上覆岩层后，第 i 条带的煤层被暴露出来，用采煤机械进行采煤和运煤。

⑥ 用推土机平整内排土场第 $i-1$ 条带的复垦土壤——剥离物，就构成了以第

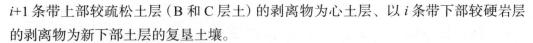

i+1 条带上部较疏松土层（B 和 C 层土）的剥离物为心土层、以 i 条带下部较硬岩层的剥离物为新下部土层的复垦土壤。

⑦ 用铲运机回填表土并覆盖在复垦的心土上。

⑧ 在复垦后的土地上种上植被（一般首先播种禾本科和豆科混合的草种），并喷洒秸秆覆盖层，以利于水土保持和植被生长。

第三节 土地荒漠化的防治

一、土地荒漠化防治原则

（一）人与自然和谐共处原则

人与自然的关系是人类生存与发展的基本关系。我国历代的思想家都强调人与自然的和谐关系，提出"天人合一"的主张。人与自然关系的演变是一个极为漫长和复杂的认识过程，为了达到人与自然的和谐共存，我们需要学会更加深入地了解自然、科学地利用自然、合理地保护自然，特别是对土地、矿产、海洋等重要的自然资源的保护。当前，保护资源、可持续发展是全球共同关注的课题。实践证明，当人类具有了影响或改变地球环境的能力之后，人与环境诸因子之间的矛盾就从未停息。生产力的发展、人口的增加、社会的进步、资源的变化等一系列环境中任何一个因子的失调都将波及整体的平衡，人类的每一步发展和演变，都与自然生态系统的变化息息相关。

历史上，农业文明和工业文明的兴起，都是以大面积毁林开垦耕地为代价的。工业文明让人们首先享受到工业化带来的社会经济繁荣，但也带来了对宝贵的自然资源的破坏，以及人类赖以生存的生态环境的恶化。在生态环境被破坏的地方出现了人们意想不到的衰败或毁灭，荒漠化就是在此基础上产生的，其后果令人震惊。

为防止和减少土地退化、恢复部分退化土地，实现人与自然的和谐共处和荒漠化地区可持续发展，必须协调好以下几个方面。

1. 土地利用要科学、合理

人离不开土地，人的生存和发展是通过对土地的利用来实现的，正常情况下，人和土地的关系是和谐与相互依赖的。不适当的土地利用会破坏这种和谐与平衡，加速荒漠化，特别是人们对土地无限度的要求和使用造成了不可逆转的后果。科学、合理的土地利用需要对土地有充分的了解，根据土地特性、人的需要和政府的长期及近期的政策，对土地进行规划和分区。对一个自然区或一个行政区都要将规划落

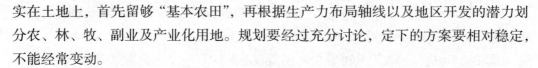

实在土地上，首先留够"基本农田"，再根据生产力布局轴线以及地区开发的潜力划分农、林、牧、副业及产业化用地。规划要经过充分讨论，定下的方案要相对稳定，不能经常变动。

2. 自然资源要得到充分保护

自然资源是指在一定时间条件下，能够产生经济价值以提高人类当前和未来福利的自然环境因素总称。主要有自然资源是自然过程所产生的天然生成物，地球表面积、土壤肥力、地壳矿藏、水、野生动植物等，都是自然生成物；称为自然资源的"自然生成物"必须具有人类需要和可开发利用的能力；人们对自然资源的认识以及自然资源开发利用的范围、规模、种类和数量都在不断变化，自然资源随着人们知识的增加、技术的改善、人类需求的变化和文化的发展而随时变动，资源是动态的，因此，人们对基本自然资源的定义在不断拓展。目前已经提出的对资源的保护、更新和治理等观念就是对自然资源科学的发展；自然资源不仅是一门自然科学，而且是一个经济学概念，还涉及文化、伦理和价值观。

3. 社会经济发展

干旱荒漠地区自然资源丰富，防治荒漠化必须保护好自然资源，不仅是为了改善环境，还能最大限度地发展地方经济、文化。

干旱荒漠地区实现人与自然的和谐共存，其结果必然带来社会经济发展和人民生活的富裕。为此，干旱荒漠地区社会经济发展需要正确处理资源配置效益与地区经济均衡发展的关系，努力实现经济效益、社会效益、生态效益相结合。国家实行的六大生态工程是调整人与自然和谐共处的重大措施，其结果是三大效益共同体现，并相互促进。

4. 可持续发展

以科学发展观研究和制订荒漠化防治计划，实施荒漠化治理与干旱区可持续发展，以发展为主线，使荒漠化地区的各项建设既能满足当代人的需要，又不损害后代人满足其需要的能力。

(二) 以建设为主，建设、保育与经济效益兼顾的原则

防治荒漠化应坚持"以建设为主，建设、保育与经济效益兼顾的原则"。原因如下。一是人工建设可满足国家高速度进行生态建设的需求。面对全国大面积的土地退化和环境问题，需要高速度地建设植被（乔、灌、草），才能遏制当前国家面临的生态和环境危机。在全面规划和保证高科技措施下，加大人工的建设力度，投入能量、物资、财力与智力，尽快地进行植被的恢复与重建。二是人工建设可以快速实现人们规划的预定目标，使之产生最佳防治模式和效益。三是保护性措施是人工建

设的前提，依法保护，使我国的森林、草地、荒漠与湿地得到全面的保育，停止对植被、土壤的破坏和放牧、垦殖。近年来，我国北方农牧交错带地区严格实施"封沙育草""保护植被"措施，取得很好的生态效果，草原迅速恢复了生机，这是值得重视的防治荒漠化措施。四是人工建设与保护措施相结合是防治荒漠化的基本原则。人工建设可以实现人们对防治荒漠化的总目标，并高速度地实现高标准的规划要求，在发挥生态效益的同时兼顾经济效益。人工建设与保护措施结合，既进行人工造林、种灌、种草，又进行"封沙育草"、围造"草库伦""小经济生物圈"等建设，在大规模人工造林（种灌）的同时又利用生态系统自身的修复能力增加植被覆盖率。

防治荒漠化的目的在于对退化沙地、草地和退化农田的防护和开发利用，即生态功能和经济效益并重的原则，种树、种草的长远目标是形成大环境和小环境的良性循环，只有生态效益与经济效益兼顾，才能巩固和稳定生态建设成果。因此，为了合理地、科学地安排人工建设与保护措施的比例和方法，必须"因地制宜、因害设防"，进行全面规划以达到最佳的效果。对荒漠化治理区要进行分类分区，根据荒漠化危害程度和立地条件类型决定防治对策以及防护、利用的目标和比例。

（三）水分平衡原则

干旱、半干旱区以水分亏缺为主要特征，无论是植树、种灌还是种草，首先必须考虑水分收支平衡的原则。根据植被生长对水分的需要，决定造林（种灌）的密度和草本植物的覆盖度。合理地开发和利用地下水是水分平衡的另一个重要问题，对地下水的利用不能超采。

绿洲依径流或地下水而存在。径流或地下水量的多少、水质的优劣和水的分布形式决定了绿洲的大小和空间分布，也决定了人类对绿洲的利用途径。从水资源类型来研究绿洲水状况，径流的来源可分为内流型绿洲和外流型绿洲。外流型绿洲的径流是外流径流，其水源丰富，空间扩展受地形影响；内流型绿洲因内流径流的水量有限，绿洲扩展范围受流水量的限制。

干旱区、半干旱区的植被建设，要将生态用水计入整个地区水分平衡的分配中。据研究，近几十年来，草地的退化，尤其是许多优质灌木群落的衰退已十分明显。由于沙地水分平衡失调而引发的干旱性增加是其最主要原因。生物的生存是靠水分和养分维持的，植被的良好生长要靠植物地上部分和地下部分器官与环境之间进行能流、物流，而水分是物质、能量交流中不可或缺的介质。

（四）以灌木为主的造林、种草原则

荒漠化地区自然条件恶劣，土壤侵蚀（风蚀与水蚀）十分严重，灌木在稳定与保

护生态环境方面具有极为重要的意义。灌木的地上枝干和低矮密集的树冠具有很强的防风固沙与水土保持能力，强大的根系能从沙丘、沙地中汲取水分，造就沙生灌木茎干生长迅速与产生不定根的特点，特别适宜于在流动与半流动沙丘上生长；灌木作为水土保持树种，它又以强大的根系固定土壤，涵养水源，调节水分平衡，改良土壤。灌木枝干小于乔木，蒸腾量较乔木小，所以耐风沙、耐干旱，适应性是乔木不可比拟的。我国干旱、半干旱地区灌木种类非常丰富，其中许多灌木不仅是优质的饲料植物，还具有多重用途。这些灌木不仅能够为牲畜提供营养丰富的食物，还能在生态系统中发挥其他积极作用。例如，它们可以改善土壤结构、防止水土流失，并为野生动物提供栖息地。这类灌木在干旱和半干旱地区尤为重要，因为它们具有较强的耐旱性和适应性，能够在恶劣的环境下生存并发挥其生态和经济价值。

（五）生物多样性和系统种植的原则

沙地生境及其巨大生产潜力为干旱、半干旱和干燥的亚湿润区提供了多层次和循环利用沙丰富的能量、水土与生物资源，促进农、林、牧、园及有关副业与加工业的综合发展。在恢复与重建退化的沙地、草地和水土流失土地时应特别注意景观的多样性和景观内生物成分的多样性，如沙地中沙丘与丘间地、沙丘的迎风面与背风面等，由于立地条件的差异，分布着不同的植物群落，在规划退化土地重建时，应考虑到生物的多样性，将各种乔—灌—草、灌—草或不同草种混种，以发挥它们的综合防护和经济效益。

带、片、网是"植树、种灌、种草"的一种系统配置方式。其优势在于，乔木、灌木和草有序地成带状或网状排列，可以加强它们的防风、防蚀能力，发挥最佳的空气动力和水动力效应，减少风沙危害和土壤流失；乔、灌木成带状—网状排列，可利用不同植被间的层次和空间形成植物生长的小环境，以增加带网间土壤水分及边缘的生长优势，提高生长量；在灌溉条件困难的地方，采取窄林带沿道路、渠道等两侧栽植的方式。林带形成网状后可发挥连续的效应，对防止沙尘暴的危害效果明显。

二、生物防治措施

荒漠化地区生态环境脆弱，干旱风沙严重，农牧业生产极不稳定。为此，必须因害设防，因地制宜地构建带、网、片、线、点结合，乔、灌、草结合的各种类型植被防护体系，发挥其综合防治功能。

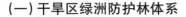

（一）干旱区绿洲防护林体系

绿洲是指在大尺度荒漠背景基质上，以小尺度范围但具有相当规模的生物群落为基础，构成相对稳定的、具有明显小气候效应的异质生态景观。相当规模的生物群落可以保证绿洲在空间和时间上的稳定性以及结构上的系统性；其小气候效应则保证了绿洲能够具有人类和其他生物种群活动的适宜气候环境，有利于形成景观生态健康成长的生物链结构。绿洲防护林体系是指在绿洲与沙漠毗连处建立封沙育草带、绿洲边缘营造防沙林带、绿洲内部营造护田林带，对绿洲内部零星分布的流沙，营造固沙片林，以此形成一个完整的防护林体系，这是防治风沙危害绿洲的重要措施。其防护体系主要由三部分组成：一是绿洲外围的封育灌草固沙带；二是骨干防沙林带；三是绿洲内部农田林网及其他有关林种。

1. 封育灌草固沙沉沙带

该部分为绿洲最外防线，它接壤沙漠戈壁，地表疏松，处于风蚀风积都很严重的生态脆弱带。为制止就地起沙和拦截外来流沙，建立宽阔的抗风蚀、耐干旱的灌草带。其方法，一靠自然繁育，二靠人工培养，实际上常是二者兼之。灌草带必须占有一定空间范围，有一定的高度和覆盖度才能固沙防蚀、削弱风速。宽度越宽越好，至少200 m，防护需要与实际条件相结合。灌草带形成后，一般都能发挥其很好的生态效益和一定的经济效益，但需合理利用，不能影响其防护作用。

2. 防风阻沙带

防风阻沙带是干旱绿洲的第二道防线，位于灌草带和农田之间。通过继续削弱越过灌草带的风速，沉降风沙流中的沙粒，进一步减轻风沙危害。

此带因地而异，根据当地实际情况进行合理设置。

在沙丘带与农田之间的广阔低洼荒滩地，大面积造林，应用乔灌结合，多树种混交，形成一种紧密结构。大沙漠边缘、低矮稀疏沙丘区宜选用耐沙埋的灌木，其他地方以乔木为主。沙丘前移林带很容易遭受沙埋，要选用生长快、耐沙埋树种（小叶杨、旱柳、黄柳、柽柳等），不宜采用生长较慢的树种。为防止背风坡脚造林受到过度沙埋，应留出一定宽度的安全距离。

地势较窄时，林带应为乔灌混交林或保留乔木基部枝条不修剪，以提高阻沙能力。营造多带式林带，带宽不必严格限制，带间应合理育草。在需要灌溉的地区，林带设置20 m左右即可，只有在外缘沙源丰富、风沙危害严重的地带才营造多带式窄带防沙林。其迎风面要选用枝叶茂盛、抗性强的树种，后面则高矮搭配。如果第一道防线已经有很好的防风固沙效果，第二道防线则以防风为主。如果第一道防线短期防护效果差，第二道防线则需有较大宽度的乔灌混交的紧密结构。

3. 绿洲内部农田林网

农田防护林是干旱绿洲第三道防线，位于绿洲内部。在绿洲内部建成纵横交错的防护林网的目的是改善绿洲近地层小气候条件，形成有利于作物生长发育、提高作物产量和质量的生态环境，这些和一般农田防护林的作用是相同的。不同的是，它还要防止绿洲内部土地起沙，有着阻沙作用。

(二) 沙地农田防护林

在风沙危害区，建设高产稳产的基本农田，营造护田林，是非常重要的措施。因为农田防护林调节农田小气候，降低风速，防止土壤风蚀，抵抗干旱、霜冻等自然灾害，使各项农业技术措施充分发挥增产作用。

沙地农田防护林除一般护田林作用外，最重要的任务是控制土壤风蚀，确保地表不起沙。这主要取决于主林带间距，即有效防护距离。该范围内大风时风速应减到起沙风速以下。因自然条件和经营条件不同，主带距差异很大，根据实际观测和理论要求，主带距大致为 $15 \sim 20H$（H 为成年树高）。乔灌混交或密度大时，透风系数小，林网中农田会积沙，形成驴槽地，不便耕作。而没有乔木和灌木，透风系数为 $0.6 \sim 0.7$ 的透风结构林带却无风蚀和积沙，为最适结构。林带宽度影响林带结构，过宽要求紧密，按透风结构要求不需过宽。小网格窄林带防护效果好，有 $3 \sim 6$ 行乔木、$5 \sim 15$ m 宽即可。常说的"一路两沟四行树"就是常用模式。

半湿润地区降雨较多，条件较好，可以乔木为主，主带距 300 m 左右。半干旱地区沙地农田分布广，条件差，以雨养旱作为主。我国半干旱地区南侧多农田，北侧多草原，中部为农牧交错区。东部地区条件稍好，西部地区为旱作边缘，条件很差，沙化最为严重。沙质草原一般情况不发生风蚀，但由于人类大面积开垦旱作，风蚀逐渐发展，开始需要林带保护。因自然条件差，林带建设要困难得多。东部树木尚能生长，高可达 10 m，主带距 $150 \sim 200$ m；西部广大旱作区除条件较好地段可造乔木林，其他地区以耐旱灌木为主，主带距以 50 m 左右为主。

干旱地区为半荒漠、荒漠绿洲，条件更严酷，以风沙危害为主，所以采用小网格窄林带。农业防风沙措施还包括：一是发展水利，扩大灌溉面积；二是增施肥料，改良土壤；三是采用防风蚀旱农作业措施，如带状耕作、伏耕压青、种高秆作物和作物留茬等。

(三) 沙区牧场防护林

我国北方有辽阔的草原，饲草资源十分丰富，有极大的生产潜力。但因其多分布在干旱、半干旱地区，自然条件恶劣，加之长期不合理的利用，草场荒漠化现象

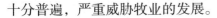

十分普遍，严重威胁牧业的发展。

树种选择可与农田林网一致，但要注意其饲用价值，东部风沙区以乔木为主，西部风沙区以灌木为主，主带距取决于风沙危害程度。危害较轻的可以 25 H 为最大防护距离，危害严重的主带距可为 15 H，病幼母畜放牧地可为 10 H。副带距根据实际情况而定，一般为 400～800 m，割草地不设副带。灌木主带距 50 m 左右。林带宽，主带 10～20 m，副带 7～10 m，考虑草原地广林少，干旱多风，为形成森林环境，林带可宽些，东部林带 6～8 行，乔木 4～6 行，每边 1 行灌木，呈疏透结构，或无灌木的透风结构。生物围栏要呈紧密结构。造林密度取决于水分条件，条件好可密度小些，否则，密度要大些。

营造护牧林时，草原造林必须整地。为防风蚀可带状、穴状整地。整地带宽1.2～1.5 m，保留带依行距而定。整地必须在雨季前，以便尽可能积蓄水分，造林在秋季或初春。开沟造林效果好，先用开沟犁开沟，沟底挖穴。用 2～4 年大苗造林，3 年保护，旱时尽可能地灌水，夏天除草、中耕蓄水。灌木要适时平茬复壮。在网眼条件好的地方，可营造绿伞片林，既为饲料林，又当避寒暑风雪的场所。有流动沙丘存在时，要造固沙林，以后将其变为饲料林。在畜舍、饮水点、过夜处等沙化重点场所，应根据畜种、数量、遮阴系数营造乔木片林保护环境。饲料林可提高抗灾能力，提高生产稳定性，需特别重视。在家畜转场途中适当地点营造多种形式林带，提供保护与饲料补充。

牧区其他林种，如薪炭林、用材林、苗圃、果园、居民点绿化等都应合理安排，纳入防护林体系之内。实际中经常一林多用，但必须做好管护工作。为根治草场沙化还应采取其他措施，如封育沙化草场，补播优良牧草，建设饲料基地。应转变落后经营思想，确定合理载畜量，缩短存栏周期，提高商品率，实行划区轮牧等都是同样重要的。

第五章　矿井开拓布局

第一节　井田划分与矿井服务年限

一、煤田及井田的划分

(一) 煤田的概念

在地质历史发展的过程中，由含碳物质沉积形成的基本连续的大面积含煤地带，称为煤田。煤田有大有小，大的煤田面积可达数百到数万平方千米，煤炭储量从数亿吨到数千亿吨；小的煤田面积只有几平方千米，储量较少。对于面积较大、储量较多的煤田，若由一个矿井来开采，不仅在经济上不合理，而且在技术上难以实现。因此，需要将煤田进一步划分为适合由一个矿区（或一个矿井）来开采的若干区域。

(二) 煤田划分为井田

1. 井田划分的原则

(1) 要充分利用自然条件

尽可能利用大断层等自然条件作为井田边界，或者利用河流、铁路、城镇下部留设的安全煤柱作为井田边界。这样做既相对减少了煤柱损失，又降低了开采工作难度，提高了煤炭采出率，还有利于保护地面设施。

在地形复杂地区，划定的井田范围和边界要便于选择合理的井筒位置以及布置作业场地。

对于煤层煤质、牌号变化较大的地区，如果需要，也可以考虑依不同煤质、牌号按区域划分井田。

(2) 要有合理的走向长度

井田范围必须与矿井生产能力相适应，保证矿井有足够的储量和合理的井田参数，尤其是要有合理的走向长度。一般情况下，井田走向长度应大于倾斜长度。我国现阶段合理的井田走向长度一般为：小型矿井，不小于 1.5 km；中型矿井，不小于 4.0 km；大型矿井，不小于 7.0 km；特大型矿井，不小于 10 km。

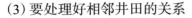

（3）要处理好相邻井田的关系

划分井田边界时，通常将煤层倾角不大、沿倾斜延展很宽的煤田，分为浅部和深部两部分。一般应先浅后深、先易后难，分别开发建井，以节约初期投资，同时避免浅、深部矿井形成复杂的压茬关系。浅部矿井井型及范围可比深部矿井小。当需加大开发强度，必须在浅、深部同时建井或浅部已有矿井开发需在深部另建新井时，应考虑给浅部矿井的发展留有余地，不使浅部矿井过早报废。

（4）要为矿井的发展留有余地

划分井田时，应充分考虑煤层赋存条件、技术发展趋势等因素，适当将井田划得大一些或者为矿井留一个后备区，为矿井今后的发展留有适当的余地。

（5）要有良好的安全经济效果

划分井田时，要力求使矿井有合理的开拓方式和采煤方法，便于选定井口位置和地面作业场地，有利于保护生态环境，使井巷工程量小，投资省，建井期短，生产作业环境好，安全可靠，为煤矿企业取得最大的经济效益和社会效益打下基础。

（6）要有利于矿井生产技术管理

在不受其他条件限制的情况下，一般采用直线或折线形式来划定井田境界线，尽量避免曲线境界线，以有利于矿井设计和生产技术管理。

2. 井田人为境界的划分方法

除了利用自然条件作为井田境界之外，在不受其他条件限制时，往往要用人为划分的方法确定井田的境界。井田人为境界的划分方法，常用的有垂直划分、水平划分、按煤组划分以及按自然条件形状划分等。

（1）垂直划分

相邻矿井以某一垂直面为界，沿境界线两侧各留井田边界煤柱，称为垂直划分。井田沿走向两端，一般采用沿倾斜线、勘探线或平行勘探线的垂直面划分。

近水平煤层井田无论是沿走向还是沿倾向，都采用垂直划分法。

（2）水平划分

以一定标高的煤层底板等高线为界，并沿该煤层底板等高线留置边界煤柱，这种方法称为水平划分。

（3）按煤组划分

按煤层（组）间距的大小来划分矿界，将层间距较小的相邻煤层划归一个矿井开采，将层间距较大的煤层（组）划归另一个矿井开采。这种方法一般用于煤层或煤组间距较大、煤层赋存浅的矿区。

矿界还可以按地质构造条件来划分，例如以断层为矿界，各矿沿断层线留置矿界煤柱。应当指出，无论用何种方法划分井田境界都应力求做到井田境界整齐，避

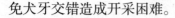

免犬牙交错造成开采困难。

(三) 井田内的划分

1. 缓斜、倾斜和急倾斜煤层井田的划分

(1) 井田划分成阶段

一个井田的范围相当大，其走向长度可达数千米到万余米，倾向长度可达数千米。因此，必须将井田划分成若干更小的部分，才能按计划有序地进行开采。

① 阶段的划分及特征。

在井田范围内，沿着煤层的倾斜方向，按一定标高将煤层划分为若干平行于走向的长条部分，每个长条部分具有独立的生产系统，称为一个阶段。井田的走向长度即为阶段的走向长度，阶段上部边界与下部边界的垂直距离，称为阶段垂高。

每个阶段都有独立的运输和通风系统。在阶段的下部边界开掘阶段运输大巷（兼作进风巷），在阶段上部边界开掘阶段回风大巷，为整个阶段服务。上一阶段采完后，该阶段的运输大巷作为下一阶段的回风大巷。

② 水平与开采水平。

水平是指沿煤层走向某一标高布置运输大巷或总回风巷的水平面，通常用标高（m）来表示，如 ±0 m、-150 m、-300 m 等。在矿井生产中，为说明水平位置、顺序，相应地称为 ±0 m 水平、-150 m 水平、-300 m 水平等，或称为第一水平、第二水平、第三水平等。通常将设有井底车场、阶段运输大巷并且担负全阶段运输任务的水平，称为开采水平。

一般来说，阶段与水平二者既有联系又有区别。其区别在于：阶段表示的是井田范围中的一部分，强调的是煤层开采范围和储量；而水平是指布置在某一标高水平面上的巷道，强调的是巷道布置。二者的联系是利用水平上的巷道开采阶段内的煤炭资源。

根据煤层赋存条件和井田范围的大小，一个井田可用一个水平开采，也可用两个或两个以上的水平开采，前者称为单水平开拓，后者称为多水平开拓。

井田分为两个阶段。900 m 水平以上的阶段，煤由上向下运输到开采水平，称为上山阶段；900 m 水平以下的阶段，煤由下向上运输到开采水平，称为下山阶段。这个开采水平既为上山阶段服务又为下山阶段服务，这种开拓方式称为单水平上下山开拓。单水平上下山开拓方式适用于开采倾角小于 16° 的煤层、倾斜长度不大的煤田。

多水平开拓可分为多水平上山开拓、多水平上下山开拓和多水平混合式开拓。

多水平上山开拓，每个水平只为一个上山阶段服务。每个阶段开采的煤均向下运输到相应的水平，由各水平经主井提升至地面。这种开拓方式井巷工程量较大，一般用于开采急倾斜煤层的井田。

多水平上下山开拓，每个水平均为上、下山两个阶段服务。这种开拓方式比多水平上山开拓减少了开采水平数目及井巷工程量，但增加了下山开采，一般用于煤层倾角较小、倾斜长度较大的井田。

多水平混合式开拓，在整个井田中，上部的某几个水平开采上山阶段，而最下一个水平开采上、下山两个阶段。这种开拓方式既发挥了单一阶段布置方式的优点，又适当地减少了井巷工程量和运输量。当深部储量不多、单独设开采水平不合理或最下一个阶段因地质情况复杂不能设置开采水平时，可采用这种开拓方式。

井田内水平和阶段的开采顺序，一般是先采上部水平和阶段，后采下部水平和阶段。这样做的优点是建井时间短、安全条件好。

(2) 阶段内的再划分

井田划分为阶段后，阶段的范围仍然较大，通常需要再划分，以适应开采技术的要求。阶段内的划分一般有采区式、分段式和带区式。

① 采区式。

在阶段范围内，沿走向将阶段划分为若干具有独立生产系统的块段，每一块段称为采区。按采区范围大小和开采技术条件的不同，采区走向长度为 500～2 000 m 不等。采区的斜长一般为 600～1 000 m。确定采区边界时，要尽量利用自然条件作为采区边界，以减少煤柱损失，降低开采技术上的难度。

在采区范围内，沿煤层倾斜方向将采区划分为若干长条部分，每一块长条部分称为区段。每个区段下部边界开掘区段运输平巷，上部边界开掘区段回风平巷；各区段平巷通过采区运输上山、轨道上山与开采水平大巷连接，构成生产系统。

② 分段式。

在阶段范围内不划分采区，而是沿倾斜方向将煤层划分为若干平行于走向的长条带，每个长条带称为分段，每个分段沿倾斜布置一个采煤工作面，这种划分称为分段式。采煤工作面沿走向由井田中央向井田边界连续推进，或者由井田边界向井田中央连续推进。

各分段平巷通过主要上 (下) 山与开采水平大巷联系，构成生产系统。

与采区式相比，分段式减少了采区上 (下) 山及硐室工程量；采煤工作面可以连续推进，减少了搬家次数，生产系统简单。但是，分段式仅适用于地质构造简单、走向长度较小的井田。

③ 带区式。

在阶段内沿煤层走向划分为若干具有独立生产系统的带区，带区内又划分成若干倾斜分带，每个分带布置一个采煤工作面。分带内采煤工作面沿煤层倾斜推进，即由阶段的下部边界向阶段的上部边界推进，或者由阶段的上部边界向下部边界推进。一般由2~6个分带组成一个带区。

带区式布置工作面适用于倾斜长壁采煤法，巷道布置系统简单，比采区式布置巷道掘进工程量少，但分带工作面两侧倾斜回采巷道掘进困难、辅助运输不便。目前，我国大量应用的还是采区式，但在煤层倾角小于12°的条件下，带区式的应用正在扩大。

2. 近水平煤层井田的划分

开采近水平煤层，井田沿倾斜方向高差很小。通常沿煤层延展方向布置大巷，在大巷两侧划分成具有独立生产系统的块段，这样的块段称为盘区或带区。盘区内巷道布置方式及生产系统与采区布置基本相同，带区则与阶段内的带区式布置基本相同。

采区、盘区、带区的开采顺序一般采用前进式，先开采井田中央井筒附近的采区或盘区、带区，以有利于减少初期工程量及初期投资，使矿井尽快投产。

二、矿井生产能力与服务年限

（一）矿井生产能力

1. 矿井生产能力概念

煤矿生产能力是指在一定时期内煤矿各生产系统所具备的煤炭综合生产能力，以万t/a为计量单位。煤矿生产能力以具有独立完整生产系统的煤矿（井）为对象。

煤矿生产能力分为设计生产能力和核定生产能力。

（1）设计生产能力

设计生产能力是指由依法批准的煤矿设计所确定、施工单位据以建设竣工，经验收合格，最终由煤炭生产许可证颁发管理机关审查确认，在煤炭生产许可证上予以登记的生产能力。

（2）核定生产能力

核定生产能力是指依法取得煤炭生产许可证的煤矿，因地质和生产技术条件发生变化，致使煤炭生产许可证原登记的生产能力不符合实际，按照《煤矿生产能力管理办法》规定经重新核实，最终由煤炭生产许可证颁发管理机关审查确认，在煤炭生产许可证上予以变更登记的生产能力。

2. 矿井设计生产能力的确定

矿井设计生产能力应在国家煤炭产业政策和煤炭技术政策指引下，根据国民经

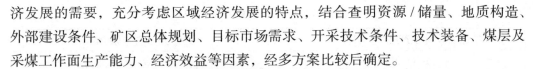

济发展的需要，充分考虑区域经济发展的特点，结合查明资源 / 储量、地质构造、外部建设条件、矿区总体规划、目标市场需求、开采技术条件、技术装备、煤层及采煤工作面生产能力、经济效益等因素，经多方案比较后确定。

论证和确定矿井设计生产能力应当符合下列规定。

① 应以一个开采水平保证矿井设计生产能力，进行第一开采水平或不小于 20 a 配产。

② 矿井配产应符合安全生产要求的合理开采顺序，不应采厚丢薄。

③ 全矿井同时生产的采煤工作面个数，煤与瓦斯突出矿井不应超过 2 个（不包括开采保护层的工作面个数），其他矿井宜以 1~2 个工作面保证矿井生产能力。大型或特大型矿井，当井田储量丰富、下部厚煤层被上覆薄及中厚煤层所压长期难以达产时，采煤工作面最多不应超过 3 个。

大型矿井产量大，装备水平高，生产集中，效率高、成本低，服务年限长，能较长时间地供应煤炭，是煤炭工业的骨干企业。但大型矿井初期工程量较大，施工技术要求高，需要较多的设备，特别是现代化的重型设备，建井工期较长，初期投资较多，生产技术管理复杂。

小型矿井初期工程量和基建投资比较少，施工技术要求不高，技术装备比较简单，建井工期短，能较快地达到设计生产能力。但生产比较分散，效率低、成本高，矿井服务年限较短，而且占地相对较多。

(二) 矿井服务年限

矿井服务年限是指按矿井可采储量、设计生产能力，并考虑储量备用系数计算出的矿井开采年限。

国家标准《煤炭工业矿井设计规范》(GB 50125—2015) 规定，新建矿井设计服务年限必须满足表 5-1 的要求，扩建后矿井设计服务年限必须满足表 5-2 的要求。

表 5-1　新建矿井设计服务年限

矿井设计生产能力 / (Mt·a⁻¹)	矿井服务年限 /a	第一开采水平设计服务年限 /a		
		煤层倾角 < 25°	煤层倾角 25°~45°	煤层倾角 > 45°
10.00 及以上	70	35	—	—
3.00~9.00	60	30	—	—
1.20~2.40	50	25	20	15
0.45~0.90	40	20	15	15
0.21~0.30	25	—	—	—

表 5-2 扩建后矿井设计服务年限

扩建后设计生产能力 / (Mt·a⁻¹)	矿井服务年限 /a
10.00 及以上	60
3.00 ~ 9.00	50
1.20 ~ 2.40	40
0.45 ~ 0.90	30
0.45 以下	不应低于同类型新建矿井服务年限的 50%

1. 井田储量

井田储量越大，矿井生产能力越大；反之，则矿井生产能力越小。

2. 开采条件

确定矿井生产能力时，要分析储量的精确程度，综合考虑储量和开采条件。开采条件包括可采煤层数、层间距离、煤层厚度及稳定程度、煤层倾角、地层的褶曲断裂构造、瓦斯赋存状况、围岩性质以及地压与火成岩活动的影响、水文地质条件和地热等。

3. 技术装备水平

决定矿井生产能力最主要的因素是采掘技术和机械装备。对新矿井设计来说，是根据矿井生产能力的需要选用合适的技术装备水平，技术装备水平一般不成为限制生产能力的因素。如果设备供应条件受限制，则有可能按限定的设备能力来确定矿井生产能力。

4. 安全生产条件

安全生产条件主要指瓦斯、通风、水文地质等因素的影响。

三、矿井生产能力、服务年限与储量的关系

矿井生产能力、服务年限与储量之间有密切关系，可用式 (5-1) 表示：

$$T=\frac{Z_K}{AK} \tag{5-1}$$

式中：T——矿井设计服务年限（a）；

Z_K——矿井可采储量（万 t）；

A——矿井设计生产能力（万 t/a）；

K——储量备用系数。

储量备用系数 K 是为保证矿井有可靠服务年限而在计算时对储量采用的富余系数，考虑储量备用系数的原因如下：

① 在实际生产过程中，由于局部地质变化、勘探的储量不可靠、采区采出率短期内不能达到规定的要求等因素，矿井储量减少；

②挖掘生产潜力，使矿井产量增大；

③投产初期，由于缺乏经验，采出率达不到规定的数值，增加了煤的损失。

基于以上原因，矿井设计服务年限将会缩短，影响矿井经济效益。为了保证矿井可靠的服务年限，必须考虑储量备用系数。根据我国现场的生产实践，储量备用系数 K：大中型煤矿一般取 1.2 ~ 1.4，地质条件较好时取 1.2，地质条件一般时取 1.3，地质构造复杂时取 1.4；小型煤矿一般取 1.3 ~ 1.5，地质条件较好时取 1.3，地质条件一般时取 1.4，地质构造复杂时取 1.5。

矿井生产能力大小及服务年限的长短，体现矿井开采强度的大小，不只是影响一个矿井的开采技术经济效果，而是会影响整个矿区。

如果矿井生产能力确定得过小，矿井服务年限可能过长，将使大量煤炭资源积压，不能满足对煤炭的需求；相反，如果矿井生产能力确定得过大，可能会造成矿井长期达不到设计产量，或生产分散、接续紧张，以致服务年限过短，矿井很快衰老报废，进而影响其他工业的协调发展。

在设计矿井时，矿井服务年限应与矿井生产能力相适应。生产能力大的矿井，基建工程量大，装备水平高，基本建设投资多，吨煤投资高，为了发挥投资的效果，矿井的服务年限就应长一些。小型矿井的装备水平低，投资较少，服务年限可以短一些。

第二节 开拓方式、井筒数目和位置与开采水平

一、开拓方式

(一) 确定井田开拓方式的原则

确定井田开拓方式的原则如下。

①贯彻执行国家安全生产法律法规、煤炭产业政策和煤炭工业技术政策，适应煤炭工业现代化发展的要求，为多出煤、早出煤、出好煤、建设高产高效安全生产矿井创造条件；合理集中开拓部署，建立完整和简单的生产系统，为集中生产创造条件。

②严格执行《煤矿安全规程》(以下简称《规程》)等规定，建立完善的通风系统，创造良好的生产条件，为安全生产和提高劳动生产率创造条件。

③井巷布置和开采顺序安排要尽量减少煤柱损失，以提高煤炭资源采出率；减少巷道维护量，使主要巷道经常保持良好状态。

④尽可能减少开拓工程量，尤其是要尽量减少矿井初期工程量和岩巷掘进工程量，以降低矿井初期投资额，缩短建井工期。

⑤ 在充分考虑国家技术水平和装备供应的同时，要为采用新技术和发展矿井机械化、自动化生产创造条件。

⑥ 满足市场对不同煤种、不同煤质的需要。在开拓部署时，应考虑将不同煤质、不同煤种的煤层以及其他有益矿物分别进行开采。

(二) 井田开拓方式及其分类

1. 井田开拓

由地表进入煤层为开采水平服务所进行的井巷布置和开掘工程，称为井田开拓。井田开拓关系到矿井生产系统的总体部署，既影响矿井建设时期的技术经济指标，又影响整个矿井生产时期的技术面貌和经济效益。

2. 井田开拓方式

井田开拓方式是矿井井筒形式、开采水平数目及阶段内的布置方式的总称。由于不同条件下的煤层赋存状态、地质构造、水文地质、地形及技术水平、经济状况的不同，矿井的开拓方式也是多样化的。

3. 井田开拓方式的分类

(1) 按井筒形式

井田开拓方式按井筒形式可分为四类：立井、斜井、平硐和综合开拓。

(2) 按开采水平数目

井田开拓方式按开采水平数目可分为两类：单水平和多水平开拓。

(3) 按阶段内的布置方式

井田开拓方式按阶段内的布置方式可分为三类：采区式、分段式和带区式。

井田开拓方式是井筒形式、开采水平数目和阶段内的布置方式的组合。如"立井—单水平—采区式""斜井—多水平—分段式"及"平硐—单水平—带区式"等。

在开拓方式的构成因素中，井筒形式占有突出的地位，常以井筒形式为依据，将井田开拓方式分为立井、斜井、平硐和综合开拓等多种方式。

二、井筒数目和位置

(一) 井筒数目

井筒数目是根据矿井提升任务大小和通风需要等因素确定的。煤的提升和矸石、材料、设备及人员的辅助提升可由一个或几个井筒来完成。用于提升的井筒可兼作进风或回风井，有些情况下，则必须设专用回风井。在具体确定井筒数目时，可按以下三种情况考虑。

1. 双提升井筒开拓

双提升井筒开拓是我国目前采用最多的一种开拓方式，装备两个提升井：一个为主井，担负提煤的任务；一个为副井，担负人员、设备、材料、矸石等的辅助提升。

2. 多提升井筒开拓

多提升井筒开拓是在一个井田中装备两个以上的提升井筒开拓整个井田。一般适用于以下几种情况：一对矿井不能满足生产的需要，为了适应矿井多水平提升或不同煤种分开提升的要求时；由于井田扩大，矿井生产能力相应增加，原提升井筒能力不能满足生产的需要时；井田范围大、矿井生产能力特别大，实行分区域开拓时。

3. 单提升井筒开拓

单提升井筒开拓是装备一个井筒提升，另设一个通达地面的安全出口。这种方式设备简单、占地少、井巷工程量少，但提升能力受限制，一般适用于小型矿井。

（二）井筒位置

井筒形式确定后，需要正确选择井筒位置。但在不少场合，井筒位置与井筒形式是伴随一起确定的。主副井筒出口要布置作业场地，建设地面工业设施和民用建筑，还要在其下部设置开采水平，进行开拓部署。

1. 井下开采合理的井筒位置

井下开采有利的井筒位置应使井巷工程量、井下运输工作量、井巷维护工作量均较少，通风安全条件好，煤柱损失少，有利于井下的开拓部署。应分别分析沿井田走向及倾向的有利井筒位置。

（1）井筒沿井田走向的位置

井筒沿井田走向的有利位置应在井田中央。当井田储量呈不均匀分布时，应在储量分布的中央，以形成两翼储量比较均衡的双翼井田，以便沿井田走向的井下运输工作量最小，风量分配比较均衡，通风网路较短，通风阻力较小。应尽量避免井筒偏于一侧，造成单翼开采的不利局面。

（2）井筒沿煤层倾向的位置

斜井开拓时，斜井井筒沿煤层倾向的有利位置主要是选择合适的层位和倾角。

由于井田的地质条件不同，对单水平开采缓斜煤层的井田，从有利于井下运输出发，井筒应坐落在井田中部，或者使上山部分斜长略大于下山部分，这对开采是有利的；对多水平开采缓斜或倾斜煤层群的矿井，如煤层的可采总厚度大，为减少保护井筒和作业场地煤柱损失以及适当减少初期工程量，可考虑使井筒设在沿倾斜中部靠上方的适当位置，并应使保护井筒煤柱不占初期投产采区；对开采急倾斜煤层的矿井，井筒位置变化引起的石门长度变化较小，而保护井筒煤柱的大小变化幅度

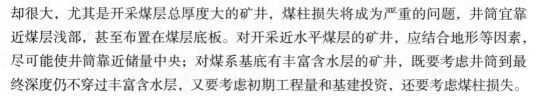

却很大，尤其是开采煤层总厚度大的矿井，煤柱损失将成为严重的问题，井筒宜靠近煤层浅部，甚至布置在煤层底板。对开采近水平煤层的矿井，应结合地形等因素，尽可能使井筒靠近储量中央；对煤系基底有丰富含水层的矿井，既要考虑井筒到最终深度仍不穿过丰富含水层，又要考虑初期工程量和基建投资，还要考虑煤柱损失。

2. 对掘进与维护有利的井筒位置

为使井筒的开掘和使用安全可靠，减少其掘进的困难以及便于维护，应使井筒通过的岩层及表土具有较好的水文、围岩和地质条件。井筒应尽可能不通过或少通过流沙层、较厚的冲积层及较大的含水层。

为便于井筒的掘进和维护，井筒不应设在受地质破坏比较剧烈的地带以及受采动影响的地区。井筒位置还应使井底车场有较好的围岩条件，便于大容积硐室的掘进和维护。

3. 便于布置地面作业场地的井筒位置

因为井筒出口是地面作业场地，所以井筒位置必须为合理布置地面作业场地创造有利条件。在选择井筒位置时，要力求合理布置作业场地，尽可能避开农田、林地和经济作物区，不妨碍农田水利建设，避免拆迁村庄以及河流改道，并且应注意符合下列要求。

① 要有足够的场地，便于布置矿井地面生产系统及其工业建筑物和构筑物。根据需要，还应考虑为以后扩建留有适当的余地。

② 要有较好的工程地质和水文地质条件，尽可能避开滑坡、崩岩、溶洞、流沙层、采空区等不良地段，这样既便于施工，也可防止各种自然灾害的侵袭。

③ 要便于矿井供电、给水和运输，并使附近有便于建设居住区、排矸设施的地点。

④ 要避免井筒和作业场地遭受水患，井筒位置应高于当地最高洪水位，在平原地区还应考虑作业场地内雨水、污水排出的问题。在森林地区，作业场地和森林间应有足够的防火距离。

⑤ 要充分利用地形，使地面生产系统、作业场地总平面布置及地面运输合理，并尽可能使平整场地的工程量较少。

综上所述，选择井筒位置，既要力求做到对井下开采有利，又要注意使地面布置合理，还要便于井筒的开掘和维护，而这些要求又与矿井的地质、地形、水文、煤层赋存情况等因素密切相关。在具体条件下，要寻求较合理的方案，必须深入调查研究，分析影响因素，分清主次，综合考虑。

（三）斜井层位

1. 斜井井筒层位选择

采用斜井开拓时，根据井田地质地形条件和煤层赋存情况，斜井可沿煤层、岩层或穿层布置。沿煤层斜井的主要优点是：施工技术简单，建井速度快，联络巷工程量少，初期投资少，且能补充地质资料，在建设期还能生产一部分煤炭。其主要缺点是：井筒容易受采动影响，维护困难，保护煤柱损失大；当煤层有自然发火倾向性时，不利于矿井防火；井筒坡度受煤层顶底板起伏影响，不利于井筒提升。为使井筒易于维护且保持斜井坡度的一致，沿煤层斜井一般适用于煤层赋存稳定、煤质坚硬及地质构造简单的矿井。

当不适于开掘煤层斜井时，可将斜井布置在煤层底板稳定的岩层中，距煤层底板垂直距离一般为 15～20 m。这种方式的斜井有利于井筒维护，容易保持斜井的坡度一致。但岩石工程量大，施工技术复杂，建井工期长。当斜井倾角与煤层倾角不一致时，可采用穿层布置，即斜井从煤层顶板或底板穿入煤层。从顶板穿入煤层的斜井称为顶板穿岩斜井，一般适用于开采煤层倾角较小及近水平煤层。从煤层底板穿入煤层的斜井称为底板穿岩斜井，一般适用于开采倾角较大的煤层。

当煤层埋藏不深、倾角不大、井田倾斜长度较小，以及施工技术和装备条件等原因不宜采用立井开拓时，或采用斜井开拓但受地貌和地面布置限制井筒无法与煤层倾斜方向一致时，可使用斜井井筒倾斜方向与煤层倾斜方向相反布置，这种方式称为反斜井。与上述两种穿岩斜井相比较，反斜井的井筒较短，但要向井田深部发展时，往往需用暗斜井开拓，增加了提升段数和运输环节。故采用反斜井时，反斜井以下煤层斜长不宜过大，开采水平数目不宜过多。当煤层倾角较大、采用底板穿岩斜井受到地形条件限制时，可采用折返式斜井。

2. 井筒装备及坡度

斜井井筒装备由提升方式而定，提升方式受井筒倾角和矿井生产能力的影响，见表 5-3。

表 5-3　各种斜井提升方式的适应条件

斜井倾角 /（°）	矿井年产量 /（万 t · a⁻¹）	提升方式
< 17	> 60	带式输送机
< 25	15～60①	串车
25～35	15～90	箕斗
< 15	< 60	无极绳

斜井辅助运输还可采用单轨吊、无轨胶轮车及卡轨电机车等运输方式。

---

① 除特殊说明外，本书中所述数值范围均包含前后数值。

三、开采水平

在井田范围和矿井生产能力确定之后，必须考虑确定合理的开采水平高度，建立开采水平。水平高度就是一个水平服务范围的上部边界与下部边界的标高差。确定合理的水平高度，首先要确定合理的阶段高度以及是否采用上下山开采。

(一) 阶段高度

阶段高度对矿井安全生产和技术经济效果有重要影响。阶段高度过大，不仅使得开拓工程投资及运输提升费用增加，延长建井工期，而且给采区上下山运输和上下人员带来很大困难；阶段高度过小，则使水平储量减少，服务年限缩短，造成水平接续紧张，全矿阶段总数增加，工程量增大。因此，根据地质条件和技术装备水平，通过技术经济条件的分析比较，合理确定阶段高度应当考虑以下要素：

1. 开采水平服务年限

每个水平必须有合理的服务年限，才能充分发挥水平运输大巷、井底车场及其各种生产设施的作用，提高经济效益。从有利于矿井均衡生产和水平接续来看，开拓延伸一个新水平，一般需要时间 3 ~ 5 a，加上上、下水平生产过渡时间，一般需要时间 6 ~ 10 a。为避免水平持续紧张，必须有足够的可采储量，以保证水平有合理的服务年限。

2. 采掘运输机械化程度

在缓斜及倾斜煤层中，阶段斜长取决于沿倾斜布置的区段数目。区段数目根据煤层倾角确定，一般为 3 ~ 5 个。采煤工作面长度随着工作面机械化程度提高而增长，变动范围为 150 ~ 250 m。

采区上山的运输方式和运输设备的能力与阶段垂高有很大关系。阶段垂高越大，采区上山长度也越大。如果采用带式输送机运输，一部带式输送机就能满足上山长度较大的要求；如采用刮板输送机运输，采区斜长大，串联的输送机数目多，运输事故频次也要增加，影响采区正常生产；若辅助运输采用绞车，采区上山则不能过长，若要增大运输能力，就要采用多段提升，这种方式运输环节多，运输系统复杂，运输事故多，不利于采区正常生产。

急斜煤层采用自溜运输，溜槽有效长度不宜超过 200 m，溜煤眼高度不宜超过 100 m。

对开采近水平煤层的矿井，用盘区上下山准备时，盘区上山长度一般不超过 2 000 m，盘区下山不宜超过 1 500 m。用石门盘区准备时，斜长不受此限。采用倾斜长壁采煤法时，采煤工作面推进方向的长度可达 1 500 m。

3. 煤层赋存条件和地质构造

煤层倾角对阶段垂高影响较大。开采急倾斜煤层时，煤层间受采动影响且沿煤层运料、溜煤、行人都比较困难。急斜煤层阶段垂高，一般为100～150 m；水平或近水平煤层，计算阶段垂高实际上已无多大意义，应按水平运输大巷两侧的盘区上下山长度决定水平的开采范围，并保证开采水平服务年限。倾斜煤层的阶段高度，应根据上山运煤方式与运输设备可能达到的长度、采区内分段数、减少工程量等因素综合考虑，一般为150～300 m。

煤层倾角和厚度有时发生急剧变化，也可利用变化处作为划分阶段的依据。

地质构造对阶段高度的影响主要表现在利用褶曲的背、向斜轴及走向大断层等作为划分阶段的界限。

4. 吨煤建设投资和生产费用

合理的阶段高度应使吨煤生产总费用最低。一般阶段垂高增大，全矿水平数目减少，水平储量增加，分摊到每吨煤上的一部分费用减少，如井底车场及硐室、阶段的运输大巷、主回风巷、石门与采区车场的掘进费，设备购置费及安装费等；也有一部分费用增加，如沿上山的运输费、通风费、提升费、排水费及倾斜巷道的维护费等；还有一部分费用与阶段高度的变化关系不大，如井筒及上山的掘进费等。因此，对一定条件下的矿井，不同的阶段高度，其吨煤的总费用是不同的，但必然存在一个在经济上最合理的阶段高度，即吨煤总费用较低的阶段高度。

在实际工作中，往往将几个不同的阶段高度方案进行技术和经济综合分析与比较，选择费用最低、生产效果最好的方案作为最佳方案。

综合上述分析，阶段高度受一系列因素的影响，是矿井开采技术和生产集中程度的综合反映。

(二) 下山开采的应用

为扩大开采水平的开采范围，有时除在开采水平以上布置上山采区外，还可在开采水平以下布置下山采区，进行下山开采。

1. 上下山开采的比较

下山开采与上山开采的比较指的是利用原有开采水平进行下山开采与另设开采水平进行上山开采的比较。上山开采和下山开采在采煤工作面生产方面没有多大的差别，但在采区运输、提升、通风、排水和上（下）山掘进等方面确有许多不同之处。

(1) 运输提升

上山开采时，煤向下运输，上山的运输能力大，输送机的铺设长度较长，倾角较大时还可采用自溜运输，运输费用较低，但从全矿看，它有折返运输问题；下山

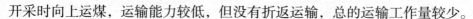

开采时向上运煤，运输能力较低，但没有折返运输，总的运输工作量较少。

（2）排水

上山开采时，采区内的涌水可直接流入井底水仓，一次排至地面，排水系统简单。下山开采时，需开掘排水硐室、水仓和安装排水设备，这样将增加总的排水工作量和排水费用。此外，如排水系统发生水仓淤塞、管路损坏等故障，将影响下山采区的生产。

（3）掘进

下山掘进时，装载、运输、排水等工序比上山掘进时复杂，因而掘进速度较慢、效率较低、成本较高，尤其当下山坡度大、涌水量大时，下山掘进更为困难。

（4）通风

上山开采时，新风和污风均向上流动，沿倾斜方向的风路较短、漏风少；而下山开采时，风流在进风下山和回风下山内流动的方向相反，沿倾斜方向的风路长、漏风严重，通风管理比较复杂。当瓦斯涌出量较大时，通风更加困难。

（5）基本建设投资

采用下山开采，可以用一个开采水平为两个阶段服务，以减少开采水平的数目，延长水平服务年限，充分利用原有开采水平的井巷和设施，节省开拓工程量和基本建设投资。

综上所述，上山开采在生产技术上较下山开采优越，但在一定条件下，配合应用下山开采，在经济上则是有利的。

2. 下山开采的适用条件

下山开采的适用条件如下。

① 倾角小于16°的缓斜煤层，瓦斯涌出量及涌水量不大。

② 煤层倾角不大，采用多水平开拓的矿井，开拓延深后提升能力降低。

③ 开采强度加大，水平服务年限缩短，造成水平接续紧张，可布置下山采区。

④ 井田深部受自然条件限制，储量不多、深部境界不一，设置开采水平有困难或不经济时，可在最终开采水平以下设下山采区。

应当注意，在选用上下山开采时，上下山的采区划分应尽可能一致，相对应的上下山采区的上山和下山尽可能靠近，使下山采区能利用上山采区的装车站及煤仓，并尽可能利用上山采区的车场巷道。

（三）开采水平的设置

确定开采水平的数目和位置，主要根据井田倾斜长度、阶段高度和是否采用上下山开采方式。此外，煤层倾角、层间距离、地质构造、井底车场处的围岩性质以及提升和排水设备型号等，对开采水平的数目和位置也有很大影响。

对于煤层倾角很小的近水平煤层，可按煤层、煤组间距或煤种不同设置开采水平。

对于倾角小于17°的煤层，如果井田倾斜长度小于2 000 m，可设一个水平，实行上下山开采。开采水平位置可设在沿煤层倾斜的中部或稍靠下位置，使上山阶段斜长增大。

对于倾角大于17°的缓斜煤层，井田倾斜长度较大时，可根据合理的阶段高度和是否采用上下山开采等因素，设两个或两个以上的开采水平，尽量减少开采水平的数目。

当井田内地质构造复杂时，可根据地质构造确定开采水平的数目和位置。

开采水平位置确定以后，必须用水平服务年限进行验算。

$$T_{s}=\frac{Z_{s}}{K \times A} \tag{5-2}$$

式中：T_{s}——开采水平服务年限（a）；

Z_{s}——开采水平服务范围内的可采储量（万 t）；

K——储量备用系数（1.3 ~ 1.5）；

A——矿井生产能力（万 t/a）。

计算出的水平服务年限，要符合《煤炭工业矿井设计规范》（GB 50215—2015）的有关规定。

(四) 辅助水平的应用

为了增大开采水平储量和延长水平服务年限，有时需设辅助水平。

一般情况下，一个阶段由一个开采水平来开采。但当阶段斜长较长时，用一个开采水平开采就有一定的困难，这时可在主水平之外的适当位置，设一个生产能力小、服务年限短、与主水平大巷相联系的辅助水平。辅助水平设有阶段大巷，担负辅助水平的运输、通风、排水等任务，但不设井底车场，大巷运出的煤需下运到开采水平，经开采水平的井底车场再运至地面。辅助水平大巷离井筒较近时，也可设简易材料车场，担负运料、通风或排水任务。

辅助水平主要用于以下情况。

① 开采水平上山部分或下山部分斜长过大，可利用辅助水平将其分为两部分开采。

② 井田形状不规则或煤层倾角变化大，开采水平范围内局部地段斜长过大，在该处设置一个用于局部开拓的辅助水平。

③ 近水平煤层分组开采时，主水平设在上下煤组，相应地在上下煤组设置辅助水平，利用暗井与主水平相连接。

设置辅助水平增加了井下的运输、转载环节和提升工作量，使生产系统复杂化，占用较多的设备和人员，而且生产分散，不利于集中生产，故一般情况下不采用。

第六章　矿井通风技术

第一节　矿井空气及气候条件

一、矿井空气成分

(一) 地面空气

地面空气又称大气，是指包围在地球表面的供人们呼吸的空气，是由多种气体组成的混合气体。近地表面的大气组成成分除了水蒸气的比例随地区和季节变化较大以外，其余组成成分相对稳定，尽管随时间、地点和海拔有所变化，但变化不大。空气是一种混合气体，其平均分子量为28.84，空气的主要组成成分为氮气、氧气，平均体积百分比氮气占79%、氧气占20.96%。在干燥的无污染的空气中，通常含有0.1%～0.5%的水蒸气，正常状态时含有1%～3%的水蒸气。

一般将不含水蒸气的空气称为干空气。它是由氧气、氮气、二氧化碳、氩气、氖气和其他一些微量气体组成的混合气体。

由干空气和水蒸气组成的混合气体称为湿空气。水蒸气含量的变化会引起湿空气的物理性质和状态变化。

(二) 矿井空气

矿井空气是指地面空气进入井下所有巷道以后的气体总称。由于受井下各种自然因素和人为生产因素的影响，矿井空气与地面空气相比将发生一系列变化。主要有：氧气含量减少；有毒有害气体含量增加；粉尘浓度增大；空气的温度、湿度、压力等物理状态变化，等等。

在矿井通风中，习惯上把进入采掘工作面等用风地点之前，空气成分或状态与地面空气相比变化不大的风流称为新鲜风流，简称新风，如进风井筒、水平进风大巷、采区进风上山等处的风流；经过用风地点后，空气成分或状态变化较大的风流称为污风风流，简称污风或乏风，如采掘工作面回风巷、矿井回风大巷、回风井筒等处的风流。

（三）矿井空气的主要成分及其基本性质

尽管矿井中的空气成分有了一定的变化，但主要成分仍同地面一样，由氧气、氮气和二氧化碳等组成。

1. 氧气

氧是无色、无味、无臭的气体，在标准状况下，相对密度为 1.429，比空气略大（空气的密度是 1.293 g/L）。它微溶于水，1 L 水只能溶解约 30 mL 氧气。氧的化学性质比较活泼，它能与许多物质发生化学反应，同时放出热量。氧能助燃，能供人和动物呼吸。

人的生命是靠吃进食物和吸入空气中的氧气来维持的。因此，空气中氧气的含量对人体健康影响甚大。当氧含量减少时，人们会产生各种不舒适生理反应，严重缺氧会导致死亡。人体维持正常生命过程所需的氧气量，取决于人的体质、精神状态和劳动强度等。一般情况下，人在休息时的需氧量为 0.2 ~ 0.4 L/min；在工作时为 1 ~ 3 L/min。

空气中的氧气浓度直接影响着人体健康和生命安全，当氧气浓度降低时，人体就会产生不良反应，严重者会缺氧窒息甚至死亡。

地面空气进入井下后，氧气含量减少的主要原因是：人员呼吸、煤（岩）和有机物质的氧化、井下爆破、发生矿内火灾以及瓦斯、煤尘爆炸等。此外，由于混入其他有害气体，尤其是从煤层围岩中涌出大量瓦斯或二氧化碳时，会使空气中氧含量相对减少。

在井下通风不良或无风的井巷中，或在发生火灾及瓦斯煤尘爆炸后的区域，空气中的氧含量可能降得很低，在进入这些地点之前必须进行严格检查，确认无危险时方可进入。

2. 氮气

氮气是无色、无味、无臭的惰性气体，相对密度为 0.967，微溶于水，在通常情况下，1 体积水只能溶解大约 0.02 体积的氮气。氮气不助燃也不能供给人呼吸。

氮气在正常情况下对人体无害，但空气中含量过多时，会因相对缺氧使人窒息。在井下废弃旧巷或封闭的采空区中，有可能积存氮气。

矿内空气中氮气含量增加的原因是有机物质腐烂、爆破工作以及从煤岩层中直接涌出。

3. 二氧化碳

二氧化碳是无色无味的气体，相对密度为 1.519，常积聚在通风不良的巷道底部。不助燃也不能供人呼吸，它易溶于水生成碳酸，对人眼、鼻、喉的黏膜有刺激作用，并且能刺激中枢神经，使呼吸加快。当肺气泡中二氧化碳增加1%时，人的呼吸将增加1倍。基于这个原理，在急救时可让中毒人员首先吸入含5%二氧化碳的氧气，使呼吸频率增加，恢复呼吸功能。

新鲜空气中含量约为0.03%的二氧化碳对人是无害的。当空气中的二氧化碳浓度过高时，空气中的氧气含量相对降低，轻则使人呼吸加快，呼吸量增加，严重时能使人窒息。

矿内空气中二氧化碳的主要来源有：坑木腐烂，煤及含碳岩层的缓慢氧化，碳酸性岩石遇水分解，从煤岩层中直接放出，煤炭自燃，矿井火灾或煤尘瓦斯爆炸等。另外，人员呼吸和爆破工作也能产生二氧化碳。有时也能从煤岩中大量涌出，甚至与煤或岩石一起突然喷出，给安全生产造成重大影响。

二、矿井气候条件

矿井气候是指矿井空气的温度、湿度和风速等参数的综合作用状态。这3个参数的不同组合，便构成了不同的矿井气候条件。矿井气候条件同人体的热平衡状态有密切联系，直接影响着井下作业人员的身体健康和劳动生产率的提高。

(一) 矿井空气的温度和湿度

1. 矿井空气的温度

空气的温度是影响矿井气候的重要因素。最适宜的矿井空气温度为15~20℃。

矿井空气的温度受地面气温、井下围岩温度、机电设备散热、煤炭等有机物的氧化、人体散热、水分蒸发、空气的压缩或膨胀、通风强度等多种因素的影响，有的起升温作用，有的起降温作用。在不同矿井、不同的通风地点，影响因素和影响大小也不尽相同。但总的来看，升温作用大于降温作用。因此，随着井下通风路线的延长，空气温度逐渐升高。

在进风路线上，矿井空气的温度主要受地面气温和围岩温度的影响。冬季地面气温低于围岩温度，围岩放热使空气升温；夏季则相反，围岩吸热使空气降温，因此有冬暖夏凉之感。当然，根据矿井深浅的不同，影响大小也不相同。

在采区和采掘工作面内，由于受煤炭氧化、人体和设备散热等影响，空气温度往往是矿井中最高的，特别是垂深较深的矿井，由于风流在进风路线上与围岩充分进行了热交换，工作面温度基本上不受地面季节气温的影响，且常年变化不大。

在回风路线上，因通风强度较大，加上水分蒸发和风流上升膨胀吸热等因素影响，温度有所下降，常年基本稳定。

2. 矿井空气湿度

（1）矿井空气的湿度

空气的湿度是指空气中所含的水蒸气量。它有以下两种表示方法：

① 绝对湿度。绝对湿度是指单位体积空气中所含水蒸气的质量（g/m³），用 f 表示。空气在某一温度下所能容纳的最大水蒸气量称为饱和水蒸气量，用 $F_饱$ 表示。温度越高，空气的饱和水蒸气量越大。

② 相对湿度。相对湿度是指空气中水蒸气的实际含量（f）与同温度下饱和水蒸气量（$F_饱$）比值的百分数。可表示为

$$\varphi = \frac{f}{F_饱} \times 100\% \tag{6-1}$$

式中：φ——相对湿度（%）；

f——空气中水蒸气的实际含量，即绝对湿度（g/m³）；

$F_饱$——在同一温度下空气的饱和水蒸气量（g/m³）。

通常所说的湿度指的都是相对湿度，它反映的是空气中所含水蒸气量接近饱和的程度。一般认为相对湿度 50%～60% 对人体最为适宜。

除了温度的影响以外，矿井空气的湿度还与地面空气的湿度、井下涌水大小及井下生产用水状况等因素有关。

（2）矿井空气湿度的测定

测量矿井空气湿度的仪器主要有风扇湿度计和手摇湿度计，它们的测定原理相同。常用的是风扇湿度计又称通风干湿表，如图6-1所示。它主要由两支相同的温度计1、2和一个通风器6组成，其中一支温度计的水银液球上包有湿棉纱布，称为湿球温度计，另一支温度计称为干球温度计，两支温度计的外面均罩着内外表面光亮的双层金属保护管4、5，以防热辐射的影响；通风器6内装有风扇和发条，上紧发条，风扇转动，使风管7内产生稳定的气流，干、湿温度计的水银球处在同一风速下。

测定相对湿度时，先用仪器附带的吸水管将湿球温度计的棉纱布浸湿，然后上紧发条，小风扇转动吸风，空气从两个金属保护管4、5的入口进入，经中间风管7由上部排出。由于湿球表面的水分蒸发需要热量，因而湿球温度计的温度值低于干球温度计的温度值，空气的相对湿度越小，蒸发吸热作用越显著，干湿温度差就越大。根据湿球温度计的读数（℃）和干、湿球温度计的读数差值（℃），查表得出空气的相对湿度 φ。

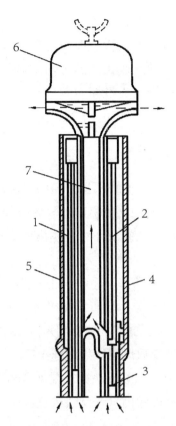

1—干球温度计；2—湿球温度计；3—湿棉纱布；4、5—双层金属保护管；6—通风器；7—风管。

图 6-1　风扇湿度计

测定时手摇湿度计用手摇，风扇湿度计有带发条转动的小风扇。用前者测量时，用大约 120 r/min 的速度旋转 60 s，使湿球温度计外包的湿纱布水分蒸发，吸收热量，湿球温度计的指示值下降，根据两温度计上分别读出的干球温度计上的和湿球温度计上的值查表可得到相对湿度值 φ。用后者测量时，首先上紧发条，然后开启风扇，此时小风扇吸风，在湿球周围形成 2~5 m/s 的风速，60 s 后同样读出干球温度计上的和湿球温度计上的值查表得到相对湿度值 φ。

(二) 矿井气候条件指标测定

人体内由于食物的氧化和分解产生大量的热量，其中约有 1/3 消耗于人体组织内的生理化学过程，并维持一定体温，其余 2/3 的热量要散发到体外。人体散热靠对流、辐射和蒸发三种方式。这三种方式的散热效果，则取决于气候条件。因此空气的温度、湿度和风速是影响人体散热的三个要素，在三要素的某些组合下，人员感到舒适；在另外一些组合下，则感到不适。

由于影响人体热平衡的环境条件很复杂，各个国家对矿井气候条件采用的评价指标也不尽相同。其中，干球温度是我国现行的非常简单的评价矿井气候条件指标之一，但它只反映了温度对矿井气候条件的影响，不太全面，其他评价指标也都有一定的局限性。因此，目前尚无一项指标能完全准确地反映出环境条件对人体热平衡的综合影响。现仅介绍两种较为常用的指标。

1. 干球温度

干球温度是我国现行的评价矿井气候条件的指标之一。干球温度是温度计在普通空气中所测出的温度，即一般天气预报里常说的气温。

其特点是：在一定程度上直接反映出矿井气候条件的好坏。指标比较简单，使用方便。但这个指标没有反映出气候条件对人体热平衡的综合作用。

2. 湿球温度

湿球温度是指同等焓值空气状态下，空气中水蒸气达到饱和时的空气温度。用湿纱布包扎普通温度计的感温部分，纱布下端浸在水中，以维持感温部位空气湿度达到饱和，在纱布周围保持一定的空气流通，便于周围空气接近达到等焓。示数达到稳定后，此时温度计显示的读数近似认为湿球温度。

其特点是：湿球温度这个指标可反映空气温度和相对湿度对人体热平衡的影响，比干球温度要合理些。但这个指标仍没有反映风速对人体热平衡的影响。

（三）矿井空气风速概述及测量

1. 风速概述

风速是指风流的流动速度。风速的大小对人体散热有直接影响。风速过低时，人体多余热量不易散发，会感到闷热不舒服，有害气体和矿尘也不能及时排散；风速过高，人体散热太快，失热过多，易引起感冒，并且造成井下落尘飞扬，对安全生产和人体健康也不利。当空气温度、湿度一定时，增加风速可提高人体散热效果。温度和风速之间的合适关系见表6-1。

表6-1　风速与温度之间的合适关系

空气温度 /℃	< 15	15 ~ 20	20 ~ 22	22 ~ 24	24 ~ 26
适宜风速 / $(m \cdot s^{-1})$	< 0.5	< 1.0	> 1.0	> 1.5	> 2.0

注："15 ~ 20"表示空气温度大于或等于15 ℃，小于20 ℃。

在井巷中，风速受到限制的因素很多，除考虑气候条件影响外，还要符合矿尘悬浮、防止瓦斯积聚及通风阻力等对风速的要求。

无瓦斯涌出的架线电机车巷道中的最低风速可低于表6-1的规定值，但不得低于 0.5 m/s。

综合机械化采煤工作面，在采取煤层注水和采煤机喷雾降尘等措施后，其最大风速可高于表 6-1 的规定值，但不得超过 5 m/s。

2. 风速的测量

矿井必须建立测风制度，每 10 天进行一次全面测风。对采掘工作面和其他用风地点，应根据实际需要随时测风，每次测风结果应记录并写在测风地点的记录牌上。

矿井应根据测风结果采取措施，进行风量调节。

测量井巷风速的仪表称为风表，又称风速计。目前，煤矿中常用的风表按结构和原理不同，可分为机械式、热效式、电子叶轮式和超声波式等。

3. 测风方法及步骤

(1) 测风地点

井下测风要在测风站内进行，为了准确、全面地测定风速、风量，每个矿井都必须建立完善的测风制度和分布合理的固定测风站。对测风站的要求如下。

① 应在矿井的总进风、总回风，各水平、各翼的总进风、总回风，各采区和各用风地点的进回风巷中设置测风站，但要避免重复设置。

② 测风站应设在平直的巷道中，其前后各 10 m 范围内不得有风流分叉、断面变化、障碍物和拐弯等局部阻力。

③ 若测风站位于巷道断面不规整处，其四壁应用其他材料衬壁呈固定形状断面，长度不得小于 4 m。

④ 采煤工作面不设固定的测风站，但必须随工作面的推进选择支护完好、前后无局部阻力物的断面上测风。

⑤ 测风站内应悬挂测风记录板 (牌)，记录板上写明测风站的测风地点、断面积、平均风速、风量、空气温度、瓦斯和二氧化碳浓度、测定日期以及测定人等项目。

(2) 测风方法

由井巷断面上的风速分布可知，巷道断面上的各点风速是不同的，为了测得平均风速，可采用线路法或定点法。线路法是风表按一定的线路均匀移动，根据断面大小，一般分为四线法、六线法和迂回八线法；定点法是将巷道断面分为若干格，风表在每一个格内停留相等的时间进行测定。根据断面大小，常用的有 9 点法、12 点法等。

测风时，根据测风员的站立姿势不同，可分为迎面法和侧身法两种。

迎面法是测风员面向风流，将手臂伸向前方测风。由于测风断面位于人体前方，且人体阻挡了风流，使风表的读数值偏小，为了消除人体的影响，需将测得的真风速乘 1.14 的校正系数，才能得到实际风速。

侧身法是测风员背向巷道壁站立，手持风表将手臂向风流垂直方向伸直，然后在巷道断面内均匀移动。由于测风员立于测风断面内减少了通风面积，从而增大了风速，测量结果较实际风速偏大，故需对测得的真风速进行校正。校正系数 K 的计算公式为

$$K = \frac{S-0.4}{S} \tag{6-2}$$

式中: S——测风站的断面积（m²）;

　　0.4——测风员阻挡风流的面积（m²）。

（3）用机械式风表测风步骤

①测风员进入测风站或待测巷道中，首先估测风速范围，然后选用相应量程的风表。

②取出风表和秒表，首先将风表指针和秒表归零，然后使风表叶轮平面迎向风流，并与风流方向垂直，待叶轮转动正常后（20～30 s），同时打开风表的计数器开关和秒表，在 1 min 的时间内，风表要均匀地走完测量路线（或测量点），然后同时关闭秒表和计数器开关，读取风表指针读数。为保证测定准确，一般在同一地点要测 3 次，取平均值，并计算表速

$$v_{真} = \frac{n}{t} \tag{6-3}$$

式中: v——风表测得的表速（m/s）;

　　n——风表刻度盘的读数，取 3 次平均值（m）;

　　t——测风时间，一般为 60 s。

③根据表速查风表校正曲线，求出真风速 $v_{真}$。

④根据测风员的站立姿势，将真风速乘校正系数 K 得实际平均风速 $v_{均}$（m/s），即

$$v_{均} = K v_{真} \tag{6-4}$$

⑤根据测得的平均风速和测风站的断面积，可计算巷道通过的风量为

$$Q = v_{均} S \tag{6-5}$$

式中: Q——测风巷道通过的风量（m³/s）;

　　S——测风站的断面积（m²）。

S 按式（6-6）～（6-8）测算:

梯形巷道

$$S = HB = \frac{(a+b)H}{2} \tag{6-6}$$

三心拱巷

$$S = B(H-0.07B) = B(C+0.26B) \tag{6-7}$$

半圆拱巷道

$$S=B(H-0.11B)=B(C+0.392B) \tag{6-8}$$

式中：H——巷道净高（m）；

$\quad\quad B$——梯形巷道为半高处宽度，拱形巷道为净宽（m）；

$\quad\quad C$——拱形巷道墙高（m）；

$\quad\quad a$——梯形巷道上底净宽（m）；

$\quad\quad b$——梯形巷道下底净宽（m）。

第二节 矿井通风动力

一、自然风压

（一）自然风压的形成

风流从气温较低的井筒进入矿井，从气温较高的井筒流出，这种由自然因素作用而形成的通风，称为自然通风。由自然通风形成的压差称为自然风压。

自然风压具有以下四种性质。

①形成矿井自然风压的主要原因是矿井进、出风井两侧的空气柱质量差。不论有无机械通风，只要矿井进、出风井两侧存在空气柱质量差，就一定存在自然风压。

②矿井自然风压的大小和方向取决于矿井进、出风两侧空气柱的质量差的大小和方向。这个质量差，又受进、出风井两侧的空气柱的密度和高度影响，而空气柱的密度取决于大气压力、空气温度和湿度。由于自然风压受上述因素的影响，因此，自然风压的大小和方向会随季节变化，甚至昼夜之间也可能发生变化，单独用自然风压通风是不可靠的。因此，《规程》规定，每一个生产矿井必须采用机械通风。

③矿井自然风压与井深成正比，矿井自然风压与空气柱的密度成正比，因而与矿井空气大气压力成正比，与温度成反比。地面气温对自然风压的影响比较显著。地面气温与矿区地形、开拓方式、井深以及是否机械通风有关。一般来说，由于矿井出风侧气温常年变化不大，而浅井进风侧气温受地面气温变化影响较大，深井进风流气温受地面气温变化的影响较小，因此，矿井进、出风井井口的标高差越大，矿井越浅，矿井自然风压受地面气温变化的影响也越大，一年之内不但大小会变化，甚至方向也会发生变化；反之，深井自然风压一年之内大小虽有变化，但一般没有方向上的变化。

④主要通风机工作对自然风压的大小和方向也有一定的影响。因为矿井主要通

风机的工作决定了矿井风流的主要流向，风流长期与围岩进行热交换，在进风井周围形成了冷却带，此时即使风机停转或通风系统改变，进、回风井筒之间仍然会存在气温差，从而仍在一段时间之内有自然风压起作用，有时甚至会干扰主要通风机的正常工作，这在建井时期表现尤为明显，需要引起注意。

(二) 自然风压的控制和利用

自然通风作用在矿井中普遍存在，在一定程度上会影响矿井主要通风机的工况。要想很好地利用自然通风来改善矿井通风状况和降低矿井通风阻力，就必须根据自然风压的产生原因及影响因素，采取有效措施对自然风压进行控制和利用。

1. 对自然风压的控制

在深井中自然风压一般常年都帮助主要通风机通风，只是在季节改变时其大小会发生变化，可能影响矿井风量。但在某些深度不大的矿井中，夏季自然风压可能阻碍主要通风机的通风，甚至会使小风压风机通风的矿井局部地点风流反向。这在矿井通风管理工作中应予重视，尤其在山区多井筒通风的高瓦斯矿井中应特别注意，以免造成风量不足或局部井巷风流反向酿成事故。为防止自然风压对矿井通风的不利影响，应对矿井自然通风情况进行充分的调查研究和实际测量，掌握通风系统以及各水平自然风压的变化规律，这是采取有效措施控制自然风压的基础。在掌握矿井自然风压特性的基础上，可根据情况采取安装高风压风机的方法来对自然风压加以控制，也可适时调整主要通风机的工况点，使其既能满足矿井通风需要，又可节约电能。

2. 设计和建立合理的矿井通风系统

由于矿区地形、开拓方式和矿井深度的不同，地面气温变化对自然风压的影响程度也不同。因此，在山区和丘陵地带，应尽可能利用进出风井口的标高差，将进风井布置在较低处，出风井布置在较高处。如果采用平硐开拓，有条件时应将平硐作为进风井，并将井口尽量迎向常年风向，或者在平硐口外设置适当的导风墙，出风平硐口设置挡风墙。进出风井口标高差较小时，可在出风井口修筑风塔，风塔高度以不低于 10 m 为宜，以增加自然风压。

3. 人工调节进、出风侧的气温差

在条件允许时，可在进风井巷内设置水幕或借井巷淋水冷却空气，以增加空气密度，同时可起到净化风流的作用。在出风井底处利用地面锅炉余热等措施来提高回风流气温，减小回风井空气密度。

4. 降低井巷风阻

尽量缩短通风路线或采用平行巷道通风；当各采区距离地表较近时，可用分区式通风；各井巷应有足够的通风断面，且应保持井巷内无杂物堆积，防止漏风。

5. 消灭独井通风

在建井时期可能会出现独井通风现象，此时可根据条件用风障将井筒隔成一侧进风另一侧出风；或用风筒导风，使较冷的空气由井筒进入，较热的空气从导风筒排出；也可利用钻孔构成通风回路，形成自然风压。

6. 注意自然风压在非常时期对矿井通风的作用

在制订矿井灾害预防和处理计划时，要考虑到万一主要通风机因故停转，如何采取措施利用自然风压进行通风以及如何减小此时自然风压对通风系统可能造成的不利影响，制订预防措施，防患于未然。

二、矿井通风机

矿井通风动力中自然风压较小且不稳定，不能保证矿井通风的要求。因此，每一个矿井都必须采用机械通风。我国煤矿已普遍使用机械通风。在全国统配煤矿中，主要通风机的平均电能消耗量占全矿电能消耗的比重较大，据统计，国有煤矿主要通风机平均电耗占矿井电耗的20%～30%，个别矿井通风设备的耗电量可达50%。因此，合理选择和使用主要通风机，不但能使矿井安全得到根本的保证，同时对改善井下的工作条件、提高煤矿的主要技术经济指标也有重要作用。

(一) 矿用通风机分类

1. 按照其服务范围和所起的作用分类

(1) 主要通风机

担负整个矿井或矿井的一翼或一个较大区域通风的通风机，称为矿井的主要通风机。

(2) 辅助通风机

用来帮助矿井主要通风机对一翼或一个较大区域克服通风阻力，增加风量的通风机，称为主要通风机的辅助通风机。

(3) 局部通风机

供井下某一局部地点通风使用的通风机，称为局部通风机。它一般服务于井巷掘进通风。

2. 按照构造和工作原理分类

矿用通风机可分为离心式通风机和轴流式通风机。

(二) 矿用通风机构造

1. 离心式通风机

(1) 组成

离心式通风机一般由进风口、工作轮 (叶轮)、螺形机壳及扩散器等部分组成。有的型号通风机在入风口中还有前导器。吸风口有单吸和双吸两种。

叶片出口构造角：风流相对速度 w_2，w_2 的方向与圆周速度 u_2 的反方向夹角，称为叶片出口构造角，以 β_2 表示。

离心式风机可分为前倾式 ($\beta_2 > 90°$)、径向式 ($\beta_2 = 90°$) 和后倾式 ($\beta_2 < 90°$) 三种，如图 6-2 所示。β_2 不同，通风机的性能也不同。矿用离心式风机多为后倾式。

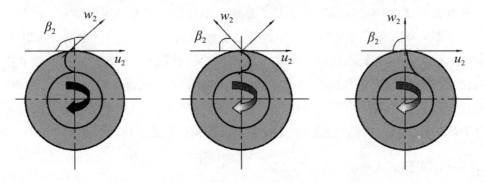

图 6-2 工作轮叶片构造角度

(2) 工作原理

当电动机的传动装置带动工作轮在机壳中旋转时，叶片流道间的空气随叶片的旋转而旋转，获得离心力，经叶端被抛出工作轮，流到螺旋状机壳里。在机壳内空气流速逐渐减小，压力升高，然后经扩散器排出。与此同时，在叶片的入口即叶根处形成较低的压力 (低于吸风口的压力)，于是，吸风口处的空气便在此压差的作用下自叶根流入，从叶端流出，如此源源不断地形成连续流动。

2. 轴流式通风机

轴流式通风机主要由进风口、工作轮、整流器、主体风筒、扩散器及传动轴等部件组成。

进风口是由集风器和疏流罩构成的断面逐渐缩小的环形通道，使进入工作轮的风流均匀，以减小阻力，提高效率。

工作轮是由固定在轴上的轮毂和以一定角度安装在其上的叶片构成。工作轮有一级和二级两种。二级工作轮产生的风压是一级的 2 倍。轮毂上安装有一定数量的叶片。叶片的形状为中空梯形，横断面为翼形；沿高度方向可做成扭曲形，以期消

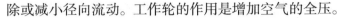

除或减小径向流动。工作轮的作用是增加空气的全压。

整流器 (导叶) 安装在每一级工作轮之后，为固定轮。其作用是整直由工作轮流出的旋转气流，减少动能和涡流损失。

环形扩散器是使从整流器流出的环状气流逐渐扩张，过渡到全断面。随着断面的扩大，空气的一部分动压转换为静压。

集风器是在通风机入风口处呈喇叭状圆筒的机壳，以引导气流均匀平滑地流入工作轮；流线体是位于第一级工作轮前方的呈流线型的半球状罩体，安装在工作轮的轮毂上，用以避免气流与轮毂冲击。

3. 主风机的附属装置及施工要求

矿井使用的主要通风机，除了主机之外尚有一些附属装置。主要通风机和附属装置总称为通风机装置。附属装置有风硐 (引风硐)、扩散器、防爆门及反风装置等。

(1) 风硐

风硐是连接通风机和风井的一段巷道。

因为通过风硐的风量很大，风硐内外压力差也较大，其服务年限长，所以风硐多用混凝土、砖石等材料建筑，对设计和施工的质量要求较高。

良好的风硐应满足以下要求。

① 应有足够大的断面，风速不宜超过 15 m/s。

② 风硐的风阻不应大于 0.0 196 N·s^2·m^8，阻力不应大于 100 Pa。风硐不宜过长，与井筒连接处要平缓，转弯部分要呈圆弧形，内壁要光滑，并保持无堆积物，拐弯处应安设导流叶片，以减少阻力。

③ 风硐及闸门等装置，结构要严密，以防止漏风。

④ 风硐内应安设测量风速和风流压力的装置，风硐和主要通风机相连的一段长度不应小于 12D (D 为通风机工作轮的直径)。

⑤ 风硐与倾角大于 30° 的斜井或立井的连接口距风井 1 ~ 2 m 处应安设保护栅栏，以防止检查人员和工具等坠落到井筒中；在距主要通风机入风口 1 ~ 2 m 处也应安设保护栅栏，以防止风硐中的脏、杂物被吸入通风机。

⑥ 风硐直线部分要有流水坡度，以防积水。

(2) 防爆门 (防爆井盖)

防爆门是在装有通风机的井口上为防止瓦斯或煤尘爆炸时毁坏通风机而安装的安全装置。

防爆门应布置在出风井轴线上，其面积不得小于出风井口的断面积。从出风井与风硐的交叉点到防爆门的距离应比从该交叉点到主要通风机吸风口的距离至少短10 m。防爆门必须有足够的强度，并有防腐和防抛出的措施。为了防止漏风，防爆

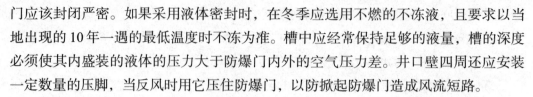

门应该封闭严密。如果采用液体密封时，在冬季应选用不燃的不冻液，且要求以当地出现的 10 年一遇的最低温度时不冻为准。槽中应经常保持足够的液量，槽的深度必须使其内盛装的液体的压力大于防爆门内外的空气压力差。井口壁四周还应安装一定数量的压脚，当反风时用它压住防爆门，以防掀起防爆门造成风流短路。

（3）反风装置

当矿井在进风井口附近、井筒或井底车场及其附近的进风巷中发生火灾、瓦斯和煤尘爆炸时，为了防止事故蔓延，减轻灾情，以便进行灾害处理和救护工作，有时需要改变矿井的风流方向。生产矿井主要通风机必须装有反风设施，并能在 10 min 内改变巷道中的风流方向；当风流方向改变后，主要通风机的供给风量不应小于正常供风量的 40%。每季度应至少检查 1 次反风设施，每年应进行 1 次反风演习；当矿井通风系统有较大变化时，应进行 1 次反风演习。

反风装置的类型随通风机的类型和结构不同而异。目前主要的反风方法有专用反风道反风、风机反转反风和调节动叶安装角反风。

（4）扩散器

在通风机出口处外接的具有一定长度、断面逐渐扩大的风道，称为扩散器。其作用是降低出口速压以提高通风机的静压。小型离心式通风机的扩散器由金属板焊接而成，大型离心式通风机的扩散器用砖或混凝土砌筑，其纵断面呈长方形，扩散器的敞角 α 不宜过大，一般为 8°~10°，以防脱流。出口断面与入口断面之比为 3~4。轴流式通风机的扩散器由环形扩散器与水泥扩散器组成。环形扩散器由圆锥形内筒和外筒构成，外圆锥体的敞角一般为 7°~12°，内圆锥体的敞角一般为 3°~4°。水泥扩散器为一段向上弯曲的风道，它与水平线所成的夹角为 60°，其高为叶轮直径的 2 倍，长为叶轮直径的 2.8 倍，出风口为长方形断面（长为叶轮直径的 2.1 倍，宽为叶轮直径的 1.4 倍）。扩散器的拐弯处为双曲线形，并安设一组导流叶片，以降低阻力。

4. 主风机的安全使用

为了保证通风机安全可靠的运转，《规程》第一百五十八条中规定：

① 主要通风机必须安装在地面；装有通风机的井口必须封闭严密，其外部漏风率在无提升设备时不得超过 5%，有提升设备时不得超过 15%。

② 必须保证主要通风机连续运转。

③ 必须安装两套同等能力的主要通风机装置，其中一套作备用，备用通风机必须能在 10 min 内开动。

④ 严禁采用局部通风机或局部通风机群作为主要通风机使用。

⑤ 装有主要通风机的出风井口应安装防爆门，防爆门每 6 个月检查维修 1 次。

⑥ 至少每月检查 1 次主要通风机。改变主要通风机转数、叶片角度时或者对旋

式主要通风机运转级数时，必须经矿技术负责人批准。

⑦ 新安装的主要通风机投入使用前，必须进行试运转和通风机性能测定，以后每 5 年至少进行 1 次性能测定。

⑧ 主要通风机技术改造及更换叶片后必须进行性能测试。

⑨ 井下严禁安设辅助通风机。

三、矿井主要通风机的合理运行

(一) 风机合理工作范围及调节

为了使通风机安全、经济地运转，它在整个服务期内的工况点必须在合理的范围之内。试验证明，如果轴流式通风机的工作点位于风压曲线"驼峰"的左侧时，通风机的运转就可能产生不稳定状况，即工作点发生跳动，风量忽大忽小，声音极不正常。为了防止矿井风阻偶尔增加等原因，使工况点进入不稳定区，因此限定通风机的实际工作风压不应大于最高风压的 0.9 倍。为了经济节能，主要通风机的运转效率不应低于 0.6。由此所确定的工作段就是通风机合理的工作范围。常用的风机工况点的调节方法如下。

1. 增加风量

减少风机工作阻力；堵外部漏风 (若外部漏风大)；轴流式风机增大叶片角度；离心式风机增大转速 (轴流式风机也可改变电机转速)。

2. 减少风量

增加风机风阻；降低转速 (离心式风机常用)；降低叶片的安装角度。

(二) 主要通风机的选择要求

主要通风机的选择要求如下。

① 有同等能力的两套风机，满足本水平需要，且服务期内在合理范围内工作。

② 若阻力变化大 (当采用中央分列式系统时)，初期可选较小电机，但较小电机工作时间不少于 5 年。

③ 留有一定余地。

④ 主风机不用集中联合工作和分开串联，也不宜用闸门调节风量。

⑤ 具有反风设施。

⑥ 双回路供电。

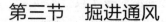

第三节　掘进通风

一、局部通风机通风

局部通风机是井下局部地点通风所用的通风设备。局部通风机通风是利用局部通风机作动力，用风筒导风把新鲜风流送入掘进工作面。局部通风机通风按其工作方式不同，可分为压入式、抽出式和混合式三种。

(一) 压入式通风

压入式通风如图 6-3 所示。局部通风机和启动装置安设在离掘进巷道口 10 m 以外的进风侧巷道中，局部通风机把新鲜风流经风筒送入掘进工作面，污风沿掘进巷道排出。风流从风筒出口形成的射流属末端封闭的有限贴壁射流。气流贴着巷道壁射出风筒后，由于吸卷作用，射流断面逐渐扩大，直至射流的断面达到最大值，此段称为扩张段，用 $L_{扩}$ 表示。

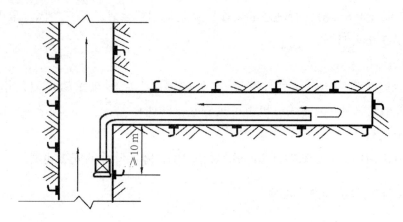

图 6-3　压入式通风

然后，射流断面逐渐缩小，直至为零，此段称收缩段，用 $L_{收}$ 表示。风筒出口至射流反向的最远距离称为射流的有效射程，用 $L_{射}$（m）表示。一般有

$$L_{射} = (4 \sim 5)\sqrt{S} \tag{6-9}$$

式中：S——巷道断面积（m^2）。

在有效射程以外的独头巷道会出现循环涡流区，为了有效地排出炮烟，风筒出口与工作面的距离应小于 $L_{射}$。

压入式通风的优点是局部通风机和启动装置都位于新鲜风流中，不易引起瓦斯和煤尘爆炸，安全性好；风筒出口风流的有效射程长，排烟能力强，工作面通风时

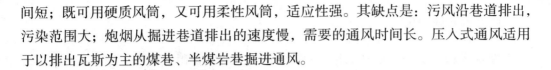

间短；既可用硬质风筒，又可用柔性风筒，适应性强。其缺点是：污风沿巷道排出，污染范围大；炮烟从掘进巷道排出的速度慢，需要的通风时间长。压入式通风适用于以排出瓦斯为主的煤巷、半煤岩巷掘进通风。

(二) 抽出式通风

抽出式通风如图6-4所示。局部通风机安装在离掘进巷道口10 m以外的回风侧巷道中，新鲜风流沿掘进巷道流入工作面，污风经风筒由局部通风机抽出。

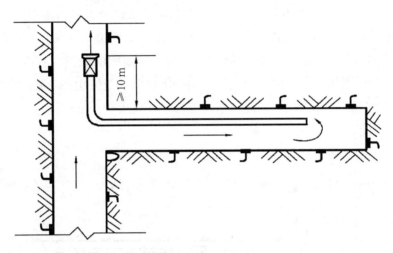

图6-4 抽出式通风

抽出式通风在风筒吸入口附近形成一股流入风筒的风流，离风筒口越远风速越小。因此，只在距风筒口一定距离以内有吸入炮烟的作用，此段距离称为有效吸程，用 $L_{吸}$（m）表示。一般情况下，有

$$L_{吸} = 1.5\sqrt{S} \qquad (6-10)$$

式中：S——巷道断面积（m^2）。

在有效吸程以外的独头巷道循环涡流区，炮烟处于停滞状态。因此，抽出式通风风筒吸入口距工作面的距离应小于有效吸程，才能取得好的通风效果。

抽出式通风的优点是：污风经风筒排出，掘进巷道中为新鲜风流，劳动卫生条件好；放炮时人员只需撤到安全距离即可，往返时间短；且所需排烟的巷道长度为工作面至风筒吸入口的长度，故排烟时间短，有利于提高掘进速度。其缺点是：风筒吸入口的有效吸程短，风筒吸风口距工作面距离过远则通风效果不好，过近则放炮时易崩坏风筒；因污风由局部通风机抽出，一旦局部通风机产生火花，将有引起瓦斯、煤尘爆炸的危险，安全性差。在瓦斯矿井中一般不采用抽出式通风。

（三）混合式通风

混合式通风是一个掘进工作面同时采用压入式和抽出式联合工作。其中，压入式向工作面供新风，抽出式从工作面排出污风。按局部通风机和风筒的布设位置不同，可分为长抽短压、长压短抽和长压长抽三种方式。

1. 长抽短压

长抽短压的布置方式是工作面污风由压入式风筒压入的新风予以冲淡和稀释，由抽出式风筒排出。其具体要求是：抽出式风筒吸风口与工作面的距离应小于污染物分布集中带长度，与压入式风机的吸风口距离应大于 10 m；抽出式风机的风量应大于压入式风机的风量；压入式风筒的出口与工作面间的距离应在有效射程之内。若采用长抽短压通风时，其中抽出式风筒须用刚性风筒或带刚性骨架的可伸缩风筒。若采用柔性风筒，则可将抽出式局部通风机移至风筒入口，改作压入式。

2. 长压短抽

长压短抽的布置方式如图 6-5 所示。

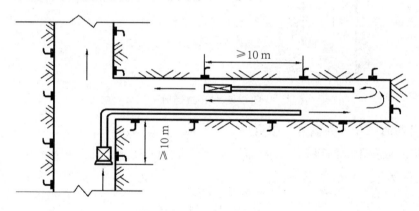

图 6-5　长压短抽通风方式

新鲜风流经压入式风筒送入工作面，工作面污风经抽出式通风除尘系统净化，被净化的风流沿巷道排出。抽出式风筒吸风口与工作面距离应小于有效吸程，对于综合机械化掘进，应尽可能靠近最大产尘点。压入式风筒出风口应超前抽出式风筒出风口 10 m 以上，它与工作面的距离应不超过有效射程。压入式通风机的风量应大于抽出式通风机的风量。

3. 混合式通风主要特点

混合式通风兼有抽出式与压入式通风的优点，通风效果好。主要缺点是：增加了一套通风设备，电能消耗大，管理也比较复杂；降低了压入式与抽出式两列风筒重叠段巷道内的风量。混合式通风适用于大断面、长距离岩巷掘进巷道。煤巷采掘工作面多采用与除尘风机配套的长压短抽混合式。

二、矿井全风压通风

矿井全风压通风是直接利用矿井主通风机所造成的风压，借助风障和风筒等导风设施将新风引入工作面，并将污风排出掘进巷道。矿井全风压通风的形式如下。

(一) 利用纵向风障导风

如图 6-6 所示，在掘进巷道中安设纵向风障，将巷道分隔成两部分：一侧进风，一侧回风。

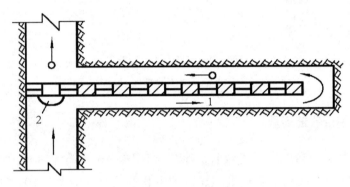

1—风障；2—调节风门。

图 6-6 风障导风

选择风障材料的原则应是漏风小、经久耐用、便于取材。短巷道掘进时，可用木板、帆布等材料；长巷道掘进时，用砖、石和混凝土等材料。纵向风障在矿山压力作用下会变形，容易产生漏风。当矿井主要通风机正常运转并有足够的全风压克服导风设施的阻力时，全风压能连续供给掘进工作面风量，无须附加局部通风机，管理方便，但其工程量大，有碍于运输。因此，只适用于地质构造稳定、矿山压力较小、长度较短，或使用通风设备不安全或技术上不可行的局部地点巷道掘进中。

(二) 利用风筒导风

如图 6-7 所示，利用风筒将新鲜风流导入工作面，工作面污风由掘进巷道排出。为了使新鲜风流进入导风筒，应在风筒入口处的贯穿风流巷道中设置挡风墙和调节风门。利用风筒导风法辅助工程量小，风筒安装、拆卸比较方便，通常适用于需风量不大的短巷掘进通风。

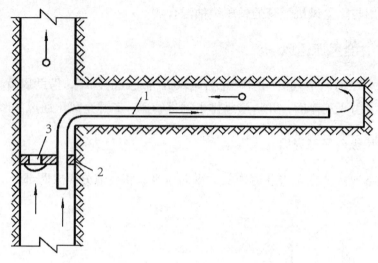

1—风筒；2—风墙；3—调节风门。

图 6-7　风筒导风

(三) 利用平行巷道通风

如图 6-8 所示，当掘进巷道较长、利用纵向风障和风筒导风有困难时，可采用两条平行巷道通风。采用双巷掘进，在掘进主巷的同时，距主巷 10~20 m 平行掘一条副巷 (或配风巷)，主副巷之间每隔一定距离开掘一个联络眼，前一个联络眼贯通后，后一个联络眼便封闭上。利用主巷进风，副巷回风，两条巷道的独头部分可利用风筒或风障导风。

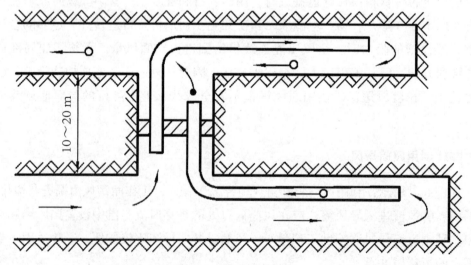

图 6-8　平行巷道导风

利用平行巷道通风，可缩短独头巷道的长度，不用局部通风机就可保证较长巷道的通风，连续可靠，安全性好。因此，平行巷道通风适用于有瓦斯、冒顶和透水危险的长巷掘进，特别适用于在开拓布置上为满足运输、通风和行人需要而必须掘进两条并列的斜巷、平巷或上下山的掘进工程中。

(四) 钻孔导风

如图6-9所示，离地表或邻近水平较近处掘进长巷反眼或上山时，可用钻孔提前沟通掘进巷道，以便形成贯穿风流。为克服钻孔阻力，增大风量，可利用大直径钻孔或在钻孔口安装风机。

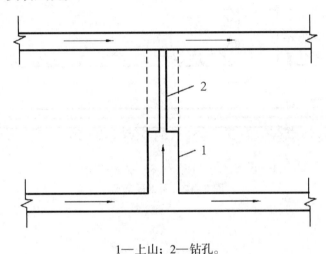

1—上山；2—钻孔。

图6-9 掘煤巷上山时的钻孔导风

三、引射器通风

利用引射器产生的通风负压，通过风筒导风的通风方法称为引射器通风。引射器通风一般采用压入式，其布置方式如图6-10所示。利用引射器通风的主要优点是无电气设备、无噪声。水力引射器通风还能起降温、降尘的作用。在煤与瓦斯突出严重的煤层掘进时，用它代替局部通风机通风，设备简单，比较安全。其缺点是供风量小，需要水源或压气。它适用于需风量不大的短巷道掘进通风，也可在含尘量大、气温高的采掘机械附近，采取水力引射器与其他通风方法的混合式通风。

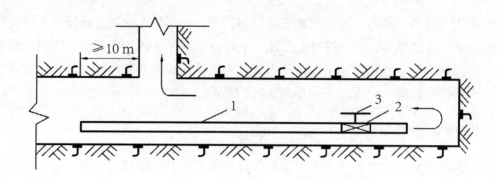

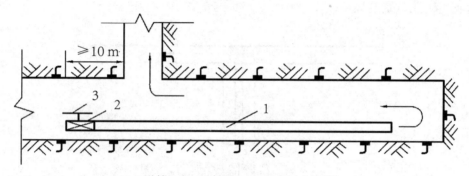

1—风筒；2—引射器；3—水管（或风管）。

图6-10　引射器通风

第七章 岩土工程勘察的基础、类别与要求

第一节 岩土工程勘察的基础

一、岩土工程勘察的基本程序

岩土工程勘察要求分阶段进行，各勘察阶段的勘察程序主要为承接勘察任务、筹备勘察工作、编写勘察大纲、进行现场勘察、室内岩土（水）试验、整理勘察资料、编写提交勘察报告。

（一）承接勘察任务（签订勘察合同）

这通常由建设单位会同设计单位（委托方，简称甲方）委托勘察单位（承包方，简称乙方）进行。签订合同时，甲方需向乙方提供相关文件和资料，并对其可靠性负责。相关文件包括：工程项目批件；用地批件（附红线范围的复制图）；岩土工程勘察委托书及技术要求（包括特殊技术要求）；勘察场地现状地形图（比例尺需与勘察阶段相适应）；勘察范围和建筑总平面布置图各一份（特殊情况可用有相对位置的平面图）；已有的勘察与测量资料。

（二）搜集资料，踏勘，编制工程勘察纲要

这是保证勘察工作顺利进行的重要步骤。在搜集已有资料和野外踏勘的基础上，根据合同任务书要求和踏勘调查的结果，分析预估建设场地的复杂程度及其岩土工程性状，按勘察阶段要求布置相适应的勘察工作量，并选择有效勘察方法和勘探测试手段等。在制订勘察计划时还要考虑勘察过程中可能未预料到的问题，为更改勘察方案留有余地。

（三）工程地质测绘和调查

这通常在可行性研究勘察阶段和初步勘察阶段进行。对于详细勘察阶段的复杂场地也应考虑工程地质测绘。工程地质测绘之前应尽量利用航片或卫片、遥感影像判译资料。当场地条件简单时，仅调查。根据工程地质测绘成果可进行建设场地的工程地质条件分区，对场地的稳定性和建设工程的适宜性进行初判。

（四）现场勘探，采取水样、原状（岩样）土样

现场勘探方法主要有钻探、井探、槽探、工程物探等，并可配合原位测试和采取原状（岩）土试样、水试样，以进行室内土工试验和水分析试验。

（五）岩土测试（包括室内试验和原位测试）

岩土测试的目的是为地基基础设计提供岩土技术参数。测试项目通常按岩土特性和建设工程的性质确定。

（六）其他

这包括室内资料分析整理和提交岩土工程勘察报告。

二、岩土工程勘察级别

（一）工程重要性等级

《建筑地基基础设计规范》（GB 50007—2011）根据地基复杂程度、建筑物规模和功能特征以及由于地基问题可能造成建筑物破坏或影响正常使用的程度，将地基基础设计分为甲、乙、丙3个设计等级（表7-1）。岩土工程勘察中，根据工程的规模和特征，以及由于岩土工程问题造成工程破坏或影响正常使用的后果把工程重要性等级划分为一级、二级、三级（表7-2），与地基基础设计等级相一致。工程重要性等级主要考虑工程岩土体或工程结构失稳破坏导致工程建筑毁坏所造成生命及财产经济损失、社会影响、修复可能性等因素。

表 7-1　地基基础设计等级

设计等级	建筑和地基类型
甲级	重要的工业与民用建筑物； 30 层以上的高层建筑； 体型复杂、层数相差超过 10 层的高低层连成一体的建筑物； 大面积的多层地下建筑物（如地下车库、商场、运动场等）； 对地基变形有特殊要求的建筑物； 复杂地质条件下的坡上建筑物（包括高边坡）； 对原有工程影响较大的新建建筑物； 场地和地基条件复杂的一般建筑物； 位于复杂地质条件及软土地区的 2 层及 2 层以上地下室的基坑工程
乙级	除甲级、丙级以外的工业与民用建筑物

续表

设计等级	建筑和地基类型
丙级	场地和地基条件简单、荷载分布均匀的7层及7层以下民用建筑及一般工业建筑物；次要的轻型建筑物

表7-2 工程重要性等级

重要性等级	破坏后果	工程类型
一级工程	很严重	重要工程
二级工程	严重	一般工程
三级工程	不严重	次要工程

(二)场地复杂程度等级

可以从建筑抗震稳定性、不良地质作用发育情况、地质环境破坏程度、地形地貌条件和地下水条件五个方面综合考虑。

1. 建筑抗震稳定性

(1) 危险地段

地震时可能发生滑坡、崩塌、地陷、地裂、泥石流等以及地震断裂带上可能发生地表位错的部位。

(2) 不利地段

软弱土，液化土，条状突出的山嘴，高耸孤立的山丘，陡坡，陡坎，河岸和边坡的边缘，平面分布上成因、岩性、性状明显不均匀的土层（含故河道、疏松的断层破碎带、暗埋的塘浜沟谷和半填半挖地基），高含水量的可塑黄土，地表存在结构性裂缝等。

(3) 一般地段

不属于有利、不利和危险的地段。

(4) 有利地段

稳定基岩，坚硬土，开阔、平坦、密实、均匀的中硬土等。其中，上述规定中，场地土的类型按表7-3划分。

表7-3 场地土的类型划分

类型	岩土名称和性状	土层剪切波速范 $v_s/(\mathrm{m \cdot s^{-1}})$
岩石	坚硬、较硬且完整的岩石	$v_s > 800$
坚硬土或软质岩石	破碎和较破碎的岩石或软、较软的岩石，密实的碎石土	$800 \geqslant v_s > 500$

类型	岩土名称和性状	土层剪切波速范围 v_s/ (m·s^{-1})
中硬土	中密、稍密的碎石土,密实、中密的砾、粗、中砂,$f_{ak} > 150$ 的黏性土和粉土,坚硬黄土	$500 \geqslant v_s > 250$
中软土	稍密的砾、粗砂、中砂,除松散外的细砂、粉砂,$f_{ak} \leqslant 150$ 的黏性土和粉土,$f_{ak} > 130$ 的填土,可塑新黄土	$250 \geqslant v_s > 150$
软弱土	淤泥和淤泥质土,松散的砂,新近沉积的黏性土和粉土,$f_{ak} < 130$ 的填土,流塑黄土	$v_s \leqslant 150$

注:f_{ak} 为地基承载力。

2. 不良地质作用发育情况

不良地质作用泛指由地球外动力地质作用引起的,对工程建设不利的各种地质作用。它们分布于场地内及其附近地段,主要影响场地稳定性,也对地基基础、边坡和地下硐室等具体的岩土工程有不利影响。不良地质作用强烈发育是指泥石流沟谷、崩塌、滑坡、土洞、塌陷、岸边冲刷、地下水强烈潜蚀等极不稳定的场地,这些不良地质作用直接威胁着工程安全;不良地质作用一般发育是指虽有上述不良地质作用,但并不十分强烈,对工程的安全影响不严重。

3. 地质环境破坏程度

地质环境是指人为因素和自然因素引起的地下采空、地面沉降、地裂缝、化学污染、水位上升等。例如,采掘固体矿产资源引起的地下采空,抽汲地下液体(地下水、石油)引起的地面沉降、地面塌陷和地裂缝,修建水库引起的边岸再造、浸没、土壤沼泽化,排除废液引起岩土的化学污染,等等。

地质环境破坏对岩土工程的影响是不容忽视的,往往对场地稳定性构成威胁。地质环境"受到强烈破坏",是指对工程的安全已构成直接威胁,如浅层采空、地面沉降盆地的边缘地带、横跨地裂缝,因蓄水而沼泽化等;"受到一般破坏"是指已有或将有上述现象,但不强烈,对工程安全的影响不严重。

4. 地形地貌条件

主要指的是地形起伏和地貌单元(尤其是微地貌单元)的变化情况。一般来说,山区和丘陵区场地地形起伏大,工程布局较困难,挖填土石方量较大,土层分布较薄且下伏基岩面高低不平。地貌单元分布较复杂,一个建筑场地可能跨多个地貌单元,因此地形地貌条件复杂或较复杂;平原场地地形平坦,地貌单元均一,土层厚度大且结构简单,因此地形地貌条件简单。

5. 地下水条件

地下水是影响场地稳定性的重要因素。地下水的埋藏条件、类型和地下水位等

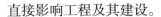

直接影响工程及其建设。

故综合上述影响因素把场地复杂程度划分为一级、二级、三级三个场地等级，划分条件如下。

①符合下列条件之一者为一级场地（复杂场地）：对建筑抗震危险的地段；不良地质作用强烈发育；地质环境已经或可能受到强烈破坏；地形地貌复杂；有影响工程的多层地下水、岩溶裂隙水或其他水文地质条件复杂，需专门研究的场地。

②符合下列条件之一者为二级场地（中等复杂场地）：对建筑抗震不利的地段；不良地质作用一般发育；地质环境已经或可能受到一般破坏；地形地貌较复杂；基础位于地下水位以下的场地。

③符合下列条件者为三级场地（简单场地）：地震设防烈度等于或小于6度，或对建筑抗震有利的地段；不良地质作用不发育；地质环境基本未受破坏；地形地貌简单；地下水对工程无影响。

（三）地基复杂程度等级

根据地基土质条件划分为一级、二级、三级三个地基等级。土质条件包括：是否存在极软弱的或非均质的需要采取特别处理措施的地层、极不稳定的地基土或需要进行专门分析和研究的特殊土类，对可借鉴的成功建筑经验是否仍需进行地基土的补充验证工作。划分条件如下。

①符合下列条件之一者为一级地基（复杂地基）：岩土种类多，很不均匀，性质变化大，需特殊处理；严重湿陷、膨胀、盐渍、污染的特殊性岩土，以及其他情况复杂，需专门处理的岩土。

②符合下列条件之一者为二级地基（中等复杂地基）：岩土种类较多，不均匀，性质变化较大；除上述规定之外的特殊性岩土。

③符合下列条件者为三级地基（简单地基）：岩土种类单一，均匀，性质变化不大；无特殊性岩土。

（四）岩土工程勘察分级

综合工程重要性等级、场地复杂程度等级和地基复杂程度等级把岩土工程勘察分为甲、乙、丙三个等级。其目的在于针对不同等级的岩土工程勘察项目，划分勘察阶段，制订有效勘察方案，解决主要工程问题。

三、岩土工程勘察阶段的划分

岩土工程勘察服务于工程建设的全过程，它的基本任务是为工程的设计、施工、岩土体的整治改造和利用提供地质资料和必要的技术参数，对有关岩土体问题进行分析评价，保证工程建设中不同阶段设计与施工的顺利进行。因此，岩土工程勘察首先应满足工程设计的要求。岩土工程勘察阶段的划分是与工程设计阶段相适应的，大致可以分为可行性研究勘察（或选址勘察）、初步勘察、详细（或施工图设计）勘察三个阶段。视工程的实际需要，当工程地质条件（通常指建设场地的地形、地貌、地质构造、地层岩性、不良地质现象和水文地质条件等）复杂或有特殊施工要求的重大工程地基，还需要进行施工勘察。施工勘察并不作为一个固定勘察阶段，它包括施工阶段的勘察和竣工后的一些必要的勘察工作（如检验地基加固效果、当地层现状与勘察报告不符时所做的监测工作或补充勘察等）。对于场地面积不大、岩土工程条件（包括场地条件、地基条件、工程条件）简单或有建筑经验的地区或单项岩土工程，其勘察可简化为一次性勘察，但勘察工作量布置应满足详细勘察工作要求；对于不良地质作用和地质灾害及特殊性岩土的岩土工程问题，应根据岩土工程的特点和工程性质具体对待；对于专门性工程，如水利水电工程、核电站等工程，应按工程要求，遵循相应的标准或规范进行专门性研究勘察。

（一）可行性研究勘察阶段（选址勘察）

可行性研究勘察的目的是获取几个场地（场址）方案的主要工程地质资料，对拟选场地的稳定性、适宜性给出岩土工程评价，进行技术、经济论证和方案比较，以选取最优的工程建设场地。

要选取最优工程建设场地或场址，首先需要从自然条件和经济条件两方面论证，如场地复杂程度、气候、水文条件、供水水源、交通等。一般情况下，应力争避开如下工程地质条件恶劣的地区和地段。

① 不良地质作用发育（如崩塌、滑坡、泥石流、岸边冲刷、地下潜蚀等），且对建筑物场地稳定性构成直接危害或潜在威胁；

② 地基土性质严重不良；

③ 对建筑抗震危险；

④ 受洪水威胁或地下水的不利影响严重；

⑤ 地下有未开采的有价值矿藏或未稳定的地下采空区。

此勘察阶段，主要是在搜集分析已有资料的基础上进行现场踏勘，了解拟建场地的工程地质条件。若场地工程地质条件较复杂，已有资料不足以说明问题时，还应进行必要的工程地质测绘和钻探、工程物探等勘探工作。其勘察工作的主要内容如下。

① 调查区域地质构造、地形地貌与环境工程地质问题，如断裂、岩溶、区域地

震及震情等。

②调查第四纪地层的分布及地下水埋藏性状、岩石和土的性质、不良地质作用等工程地质条件。

③调查地下矿藏及古文物分布范围。

④必要时进行工程地质测绘及少量勘探工作。

勘察的主要任务为：分析场地的稳定性和适宜性；明确选择场地范围和应避开的地段；进行选址方案对比，确定最优场地方案。

(二) 初步勘察阶段

初步勘察的目的是为密切配合工程初步设计，对工程建设场地的稳定性给出进一步的岩土工程评价，为确定建筑总平面布置、选择主要建筑物或构筑物地基基础设计方案和不良地质作用的防治对策提供依据。勘察工作的范围是建设场地内的建筑地段。此阶段的主要勘察技术方法是在分析可行性研究勘察资料等已有资料的基础上，进行工程地质测绘与调查、工程物探、钻探和土工测试(包括室内土工试验和原位测试)。

1. 主要工作内容

根据选址方案范围，按本阶段勘察要求，布置一定的勘探与测试工作量；查明场地内的地质构造及不良地质作用的具体位置；探测和评价场地土的地震效应；查明地下水性质及含水层的渗透性；搜集当地已有建筑经验及已有勘察资料。

2. 主要工作任务

根据岩土工程条件分区，论证建设场地的适宜性；根据工程规模及性质，建议总平面布置应注意的事项；提供地层结构、岩土层物理力学性质指标；提供地基岩土的承载力及变形量资料；提出地下水对工程建设影响的评价；指出下阶段勘察应注意的问题。

(三) 详细勘察阶段

详细勘察的目的是为满足工程施工图设计的要求，对岩土工程设计、岩土体处理与加固及不良地质作用的防治工程进行计算与评价。经过可行性研究勘察和初步勘察以后，建设场地和场地内建筑地段的工程地质条件已查明，详细勘察的工作范围更加集中，主要针对的是具体建筑物地基或其他(如深基坑支护、斜坡开挖岩土体稳定性预测等)具体问题。所以，此勘察阶段所要求的成果资料更详细可靠，而且要求提供更多更具体的计算参数。

此勘察阶段的主要工作内容和任务如下。

①取得附有坐标及地形的工程建筑总平面布置图，各建筑物的地面整平标高，建筑物的性质、规模、结构特点，可能采取的基础形式、尺寸，预计埋置深度，对地基基础设计的特殊要求等。

②查明不良地质作用的成因、类型、分布范围、发展趋势及危害程度，并提出评价与整治所需的岩土技术参数和整治方案建议。

③查明建筑范围内各层岩土的类别、结构、厚度、坡度、工程特性，计算和评价地基的稳定性和承载力。

④对需进行沉降计算的建筑物，提供地基变形计算参数，预测建筑物的沉降、差异沉降或整体倾斜。

⑤对抗震设防烈度大于或等于6度的场地，应划分场地土类型和场地类别；对抗震设防烈度大于或等于7度的场地，应分析预测地震效应，判定饱和砂土或饱和粉土的地震液化势，并应计算液化指数。

⑥查明地下水的埋藏条件。当进行基坑降水设计时应查明水位变化幅度与规律，提供地层的渗透性参数。

⑦判定水和土对建筑材料及金属的腐蚀性。

⑧判定地基土及地下水在建筑物施工和使用期间可能产生的变化及其对工程的影响，提出防治措施及建议。

⑨对深基坑开挖应提供稳定计算和支护设计所需的岩土技术参数，论证和评价基坑开挖、降水等对邻近工程的影响。

⑩提供桩基设计所需的岩土技术参数，并确定单桩承载力；提出桩的类型、长度和施工方法等建议。

为了完成以上勘察任务，钻探、坑探、碉探、工程物探等勘探方法，静力触探、标准贯入试验、载荷试验、波速测试等原位测试方法和室内土工试验、现场检验和监测等岩土工程勘察技术方法在此阶段均能发挥其重要作用。此外，地理信息系统（GIS）、全球卫星定位系统（GPS）和地球物理层析成像技术（CT）等新技术已得到广泛应用，尤其是在甲级、乙级岩土工程勘察项目中已取得了满意的应用成果资料。

第二节 岩土工程勘察的主要类别及要求

一、基坑工程的岩土工程勘察

为了进行多层、高层和超高层建筑物（构筑物）基础或地下室的施工，必须在地面以下开挖基坑。当基坑开挖深度超过自然稳定的临界深度时，为保证基础或地下室安全施工及基坑周边环境(指基坑开挖影响范围内既有建筑物和构筑物、道路、地下设施、管线、岩土体、地下水体等)的安全,必须对基坑开挖侧壁及周边环境采用支挡或加固措施。对于高层、超高层深度超过 7 m 的深基坑开挖与支护工程,工作人员面临的勘察任务尤为艰巨。基坑可分为土质基坑和岩质基坑,在绝大多数情况下涉及的是土质基坑,所以本节以土质基坑为重点。对岩质基坑,应根据场地的地质构造、岩体特征、风化情况、基坑开挖深度等按当地标准或当地经验进行勘察。

基坑工程勘察宜满足如下要求。

①需进行基坑设计的工程,勘察时应包括基坑工程勘察的内容。在初步勘察阶段,应根据岩土工程条件,初步判定可能发生的问题和需要采取的支护措施;在详细勘察阶段,应针对基坑工程设计的要求进行勘察;在施工阶段,必要时应进行补充勘察。

②基坑工程勘察范围和深度应根据场地条件和设计要求确定。勘察平面范围宜超出开挖边界外开挖深度的 2 ~ 3 倍。在深厚软土区,勘察范围应适当扩大。勘探深度应满足基坑支护结构设计的要求,宜为开挖深度的 2 ~ 3 倍。若在此深度内遇到坚硬黏性土、碎石土和岩层,可根据岩土类别和支护设计要求减小深度。勘探点间距应视地层复杂程度而定,可在 15 ~ 30 m 内选择,地层变化较大时,应增加勘探点,查明地层分布规律。

③根据地层结构及岩土性质,评价施工造成的应力、应变条件和地下水条件的改变对土体的影响。

④当场地水文地质条件复杂,在基坑开挖过程中需要对地下水进行控制(降水和隔渗)时,应进行专门的水文地质勘察。

⑤当基坑开挖可能产生流砂、流土、管涌等渗透性破坏时,应进行针对性勘察,分析评价其产生的可能性以及对工程的影响。当基坑开挖过程中有渗流时,地下水的渗流作用宜通过渗流计算确定。

⑥应进行基坑环境状况的调查,查明邻近建筑物和地下设施的现状、结构特点以及对施工振动、开挖变形的承受能力。在城市地下管网密集分布区,可通过地理信息系统或其他档案资料了解管线的类别、平面位置、埋深和规模,必要时应采用有效方法进行地下管线探测。

⑦在特殊性岩土分布区进行基坑工程勘察时,可根据特殊性岩土的相关规定进行勘察,对软土的蠕变和长期强度、软岩和极软岩的失水崩解、膨胀土的膨胀性和裂隙性以及非饱和土增湿软化等对基坑的影响进行分析评价。

⑧在取得勘察资料的基础上,根据设计要求,针对基坑特点,应提出解决下列问题的建议:分析场地的地层结构和岩土的物理力学性质,提出对计算参数取值

及支护方式的建议；提出地下水的控制方法及计算参数的建议；提出施工过程中应进行的具体现场监测项目建议；提出基坑开挖过程中应注意的问题及其防治措施的建议。

⑨基坑工程勘察应针对以下内容进行分析，提供有关计算参数和建议：边坡的局部稳定性、整体稳定性和坑底抗隆起稳定性；坑底和侧壁的渗透稳定性；挡土结构和边坡可能发生的变形；降水效果和降水对环境的影响；开挖和降水对邻近建筑物和地下设施的影响。

工程测试参数包括含水量、重度、固结快剪强度峰值指标、三轴不排水强度峰值指标、渗透系数、测试水平与垂直变形计算所需的参数。

抗剪强度参数是基坑支护设计中最重要的参数，由于不同的试验方法〔有效应力法或总应力法、直剪或三轴、不固结不排水剪（UU试验）和固结不排水剪（CU试验）〕可能得出不同的结果，所以在勘察时，应按照设计所依据的规范、标准的要求进行试验，提供数据。

二、边坡工程的岩土工程勘察

在市政建设和铁路、公路修建中经常会遇到人工边坡或自然边坡，而边坡的稳定性则直接影响着市政工程和铁路、公路的运行。故边坡岩土工程勘察的目的就是查明边坡地区的地貌形态、影响边坡的岩土工程条件，评价其稳定性。

(一) 边坡岩土工程勘察的主要内容

边坡岩土工程勘察的主要内容如下。

①查明边坡地区地貌形态及其演变过程、发育阶段和微地貌特征。查明滑坡、危岩、崩塌、泥石流等不良地质作用及其范围和性质。

②查明岩土类型、成因、工程特性和软弱层的分布界线、覆盖层厚度、基岩面的形态和坡度。

③查明岩体主要结构面的类型、产状、延展情况、闭合程度、充填状况、充水状况、力学属性和组合关系，主要结构面与临空面的关系，是否存在外倾结构面。

④查明地下水的类型、水位、水压、水量、补给和动态变化、岩土的透水性及地下水的出露情况。

⑤查明地区气象条件 (特别是雨期、暴雨强度)、汇水面积、坡面植被、地表水对坡面、坡脚的冲刷情况。

⑥确定岩土的物理力学性质和软弱结构面的抗剪强度，提出斜坡稳定性计算参数，确定人工边坡的最优开挖坡形及坡角。

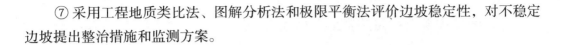

⑦ 采用工程地质类比法、图解分析法和极限平衡法评价边坡稳定性，对不稳定边坡提出整治措施和监测方案。

(二) 各阶段勘察要求

大型边坡岩土工程宜分阶段进行，各阶段勘察应符合如下要求。

① 初步勘察应搜集地质资料，进行工程地质测绘和调查、少量的勘探和室内试验，初步评价边坡的稳定性。

② 详细勘察应对可能失稳的边坡及相邻地段进行工程地质测绘、勘探、试验、观测和分析计算，给出稳定性评价，对人工边坡提出最优开挖坡角，对可能失稳的边坡提出防护处理措施的建议。

③ 施工勘察应配合施工开挖进行地质编录，核对、补充前阶段的勘察资料，必要时进行施工安全预报，提出修改设计的建议。

(三) 其他

边坡岩土勘察方法以工程地质测绘和调查、钻探、室内岩土试验、原位测试和必要的工程物探为主。其中工程地质测绘、岩土测试及勘探线布置宜参照以下要求进行。

① 工程地质测绘应查明边坡的形态及坡角、软弱层和结构面的产状、性质等。测绘范围应包括可能对边坡稳定有影响的所有地段。

② 勘探线应垂直于边坡走向布置，勘探点间距不宜大于 50 m。遇有软弱夹层或不利结构面时，勘探点可适当加密。勘探点深度应穿过潜在滑动面并深入稳定层内 2～3 m，坡角处应达到地形剖面的最低点。当需要查明软弱面的位置、性状时，宜采用与结构面成 30°～60° 角的钻孔，并布置少量的探洞、探井或大口径钻孔。探洞宜垂直于边坡。当重要地质界线处有薄覆盖层时，宜布置探槽。

③ 主要岩土层及软弱层应采取试样。每层的试样对土层不应少于 6 件，对岩层不应少于 9 件；软弱层可连续采样。

④ 抗剪强度试体的剪切方向应与边坡的变形方向一致，三轴剪切试验的最高围压及直剪试验的最大法向压力的选择，应与试样在坡体中的实际受荷情况相近。对控制边坡稳定的软弱结构面，宜进行原位剪切试验。对大型边坡，必要时可进行岩体应力测试、波速测试、动力测试、模型试验。抗剪强度指标，根据实测结果结合当地经验确定，并宜采用反分析方法验证。对永久型边坡，应考虑强度可能随时间降低的效应。水文地质试验包括地下水流速、流向、流量和岩土的渗透性试验等。

⑤ 大型边坡的监测内容应包括边坡变形、地下水动态以及易风化岩体的风化速度等。

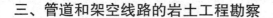

三、管道和架空线路的岩土工程勘察

管道和架空线路工程简称管线工程，是一种线形工程。包括长输油、气管道线路，输水、输煤等管线工程，穿、跨越管道工程和高压架空送电线路，大型架空管道等大型的架空线路工程。其特点是通过的地质地貌单元多，地形变化大，各种不良地质作用和特殊土体都可能会遇到，故管道和架空线路岩土工程勘察的主要任务就是查明管线经过处一定范围内的地质条件，分析评价稳定性、适宜性，提出预防和解决可能发生的岩土工程地质问题的措施。

管道和架空线路工程，一般按架设性质分为管道工程（埋设管线工程）、架空线路工程两种。

（一）管道工程（埋设管线工程）

管道工程包括地面敷设管道和大型穿、跨越工程，如油气管道、输水输煤管道、尾矿输送管道、供热管道等。

管道工程勘察与其设计相适应而分阶段进行。大型管道工程和大型穿、跨越工程应分为选线勘察、初步勘察、详细勘察三个阶段。中型工程可分为选线勘察、详细勘察两个阶段。对于岩土工程条件简单或有工程经验的地区，可适当简化勘察阶段。如小型线路工程和小型穿、跨越工程一般一次性达到详细勘察要求。

1. 选线勘察

选线勘察是一个重要的勘察阶段。如果选线不当，管道沿线的滑坡、泥石流等不良地质作用和其他岩土工程地质问题就较多，往往不易整治，从而增加工程投资，造成人力物力上的浪费。因此，在选线勘察阶段，应通过搜集资料、工程地质测绘与调查，掌握各线路方案的主要岩土工程地质问题，对拟选穿、跨越河段的稳定性和适宜性给出评价。选线勘察应符合下列要求：调查沿线地形地貌、地质构造、地层岩性、水文地质等条件，推荐线路越岭方案；调查各方案通过地区的特殊性岩土和不良地质作用，评价其对修建管道的危害程度；调查控制线路方案河流的河床、河岸坡的稳定性程度，提出穿、跨越方案比选的建议；调查沿线水库的分布情况，近期和远期规划，水库水位、回水浸没和塌岸的范围及其对线路方案的影响；调查沿线矿产、文物的分布概况；调查沿线地震动参数或抗震设防烈度。

穿越和跨越河流的位置应选择河段顺直与岸坡稳定，水流平缓，河床断面大致对称，河床岩土构成比较单一，两岸有足够施工场地等有利河段。宜避开如下河段：河道异常弯曲，主流不固定，经常改道；河床为粉细砂组成，冲淤变幅大；岸坡岩土松软，不良地质作用发育，对工程稳定性有直接影响或潜在威胁；断层河谷或发震断裂带。

2. 初步勘察

初步勘察主要是在选线勘察的基础上，进一步搜集资料，现场踏勘，进行工程地质测绘和调查。对拟选线路方案的岩土工程条件给出初步评价，协同设计人员选择出最优路线方案。该勘察阶段主要的勘察技术方法是工程地质测绘和调查，尽量利用天然和人工露头，只在地质条件复杂、露天条件不好的地段，才进行简要的勘探工作。管道通过河流、冲沟等地段宜进行物探，地质条件复杂的大中型河流应进行钻探。每个穿、跨越方案宜布置勘探点 1 ~ 3 个，勘探孔深度宜为管道埋设深度以下 1 ~ 3 m（可参照详细勘察阶段的要求）。

初步勘察的主要勘察内容：划分沿线的地貌单元；初步查明管道埋设深度内岩土的成因、类型、厚度和工程特性；调查对管道有影响的断裂的性质和分布；调查沿线各种不良地质作用的分布、性质、发展趋势及其对管道的影响；调查沿线井、泉的分布和地下水位情况；调查沿线矿藏分布及开采和采空情况；初步查明拟穿、跨越河流的洪水淹没范围，评价岸坡稳定性。

3. 详细勘察

详细勘察应在工程地质测绘和调查的基础上布置一定的钻探、工程物探等勘探工作量，主要查明管道沿线的水文地质、工程地质条件及环境水对金属管道的腐蚀性，提出岩土工程设计参数和建议，对穿、跨越工程还应论述河床、岸坡的稳定性，提出护岸措施。

详细勘察勘探点布置应满足下列要求。

① 对管道线路工程，勘探点间距视地质条件复杂程度而定，宜为 200 ~ 1 000 m，包括地质勘察点及原位测试点，并应根据地形、地质条件复杂程度适当增减；勘探孔深度宜为管道埋设深度以下 1 ~ 3 m。

② 对管道穿越工程，勘探点应布置在穿越管道的中线上，偏离中线不应大于 3 m，勘探点间距宜为 30 ~ 100 m，并不应少于 3 个；当采用沟埋敷设方式穿越时，勘探孔深度宜钻至河床最大冲刷深度以下 3 ~ 5 m；当采用顶管或定向钻方式穿越时，勘探孔深度应根据设计要求确定。

（二）架空线路工程

大型架空线路工程（如 220 kV 及其以上的高压架空送电线路、大型架空索道等）勘察与其设计相适应，分为初步设计勘察和施工图设计勘察两个阶段。小型的架空线路工程可合并为一次性勘察。

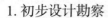

1. 初步设计勘察

初步设计勘察应为选定线路工程路径方案和重大跨越段提出初步勘察成果，并对影响线路取舍的岩土工程问题给出评价，推荐出地质地貌条件好、路径短、安全、经济、交通便利、施工方便的最佳线路路径方案。其主要勘察方法是搜集和利用航测资料。

该阶段的主要勘察任务如下。

① 调查沿线地形地貌、地质构造、地层岩性和特殊性岩土的分布、地下水及不良地质作用，并分段进行分析评价。

② 调查沿线矿藏分布、开发计划与开采情况；线路宜避开可采矿层；对已开采区，应对采空区的稳定性进行评价。

③ 对大跨越地段，应查明工程地质条件，进行岩土工程评价，推荐最优跨越方案。

④ 对大跨越地段，应进行详细的调查或工程地质测绘，必要时辅以少量的勘探、测试工作。

2. 施工图设计勘察

施工图设计勘察是在已经选定的线路下进行杆塔定位、塔基勘探，结合塔位（转角塔、终端塔、大跨越塔等）进行工程地质调查、勘探和岩土性质测试及必要的计算工作，提出合理的塔基基础和地基处理方案及施工方法等。

施工图设计勘察要求：平原地区应查明塔基土层的分布、埋藏条件、物理力学性质，水文地质条件及环境水对混凝土和金属材料的腐蚀性；丘陵和山区除查明塔基土层的分布、埋藏条件、物理力学性质、水文地质条件及环境水对混凝土和金属材料的腐蚀性外，还应查明塔基近处的各种不良地质作用，提出防治措施建议；大跨越地段还应查明跨越河道的地形地貌，塔基范围内地层岩性、风化破碎程度、软弱夹层及其物理力学性质；查明对塔基有影响的不良地质作用，并提出防治措施建议；对特殊设计的塔基和大跨越塔基，当抗震设防烈度大于或等于6度时，勘察工作应满足场地和地基的地震效应的有关规定。

四、桩基础岩土工程勘察

（一）桩基岩土工程勘察的内容

桩基岩土工程勘察的内容如下。

① 查明场地各层岩土的类型、深度、分布、工程特性和变化规律。

② 当采用基岩作为桩的持力层时，应查明基岩的岩性、构造、岩面变化、风化

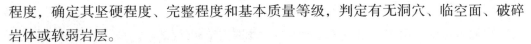
程度，确定其坚硬程度、完整程度和基本质量等级，判定有无洞穴、临空面、破碎岩体或软弱岩层。

③ 查明水文地质条件，评价地下水对桩基设计和施工的影响，判定水质对建筑材料的腐蚀性。

④ 查明不良地质作用，可液化土层和特殊性岩土的分布及其对桩基的危害程度，并提出防治措施的建议。

⑤ 评价成桩可能性，论证桩的施工条件及其对环境的影响。

桩基岩土工程勘察宜采用钻探和触探以及其他原位测试相结合的方式进行，对软土、黏性土、粉土、砂土的测试手段，宜采用静力触探和标准贯入试验；对碎石土宜采用重型或超重型圆锥动力触探试验。

为了满足设计时验算地基承载力和变形的需要，勘探点应布置在柱列线位置上，对群桩应根据建筑物的体型布置在建筑物轮廓的角点、中心和周边位置上。

(二) 勘探点的间距及勘探孔的深度要求

勘探点的间距及勘探孔的深度要求如下。

① 土质地基勘探点间距应符合下列规定：对端承桩宜为 12 ~ 24 m，相邻勘探孔揭露的持力层层面高差宜控制为 1 ~ 2 m；对摩擦桩宜为 20 ~ 35 m；当地层条件复杂，影响成桩或设计有特殊要求时，勘探点应适当加密；复杂地基的一柱一桩工程，宜每柱设置勘探点。

② 一般性勘探孔的深度应达到预计桩长以下 (3 ~ 5) d (d 为桩径)，且不得小于 3 m；对大直径桩，不得小于 5 m。

③ 控制性勘探孔深度应满足下卧层验算要求；对需验算沉降的桩基，应超过地基变形计算深度。

④ 钻至预计深度遇软弱层时，应予以加深；在预计勘探孔深度内遇稳定坚实岩土时，可适当减小深度。

⑤ 对嵌岩桩，应钻入预计嵌岩面以下 (3 ~ 5) d 并穿过溶洞、破碎带，到达稳定地层。

⑥ 对可能有多种桩长方案时，应根据最长桩方案确定。

五、不良地质作用和地质灾害的岩土工程勘察

不良地质作用是由地球内力或外力产生的对工程可能造成危害的地质作用；地质灾害是由不良地质作用引发的，危及人身、财产、工程或环境安全的事件。

在工程活动或工程建设中常遇到的不良地质作用和地质灾害有岩溶、崩塌、滑

坡、泥石流、地面沉降、地裂缝、场地和地基的地震效应、海水入侵等。在我国许多大中城市地区，由于大量开采地下承压水和集中的工程活动，地面沉降、地裂缝、岩溶塌陷等地质灾害时有发生，许多山区的铁路、公路沿线和江河水运沿岸发生滑坡、崩塌或泥石流，损毁铁路、公路设施，阻塞水运航道，威胁人的生命和财产安全，造成重大经济损失和社会影响。在对大量不良地质作用和地质灾害的调查研究中发现，无论其属于哪种类型，均具有一定的渐变性、突发性、区域性、周期性、致灾性和可防御性特点，可以通过岩土工程勘察查明它们的孕育时间、条件，影响因素，演化、发生规律，预防、预测其活动发展，把灾情减到最低限度。因此，在岩土工程勘察中，不良地质作用和地质灾害的勘察已经越来越受到岩土工程界和地质灾害研究者的重视。

在不良地质作用和地质灾害的勘察中，目前还没有完全统一的勘察规范，一般是按不良地质作用和地质灾害的类型、规模，以查明和解决以下问题为主，包括如下内容。

① 调查地形、地貌、地层岩性以及不良地质作用和地质灾害与区域地质构造的关系。

② 查明不良地质作用和地质灾害的分布和活动现状。

③ 查明不良地质作用和地质灾害的形成条件、影响因素、成因机制与活动规律。

④ 对已经发生或存在的不良地质作用和地质灾害，预测其发展趋势，提出控制和治理对策；对可能发生的不良地质作用和地质灾害，应结合区域地质条件，预测发生的可能性，并进行有关计算，提出预防和控制的具体措施和建议。

不良地质作用和地质灾害产生的动力来源、影响因素、活动规模各有不同，故其类型较多，但其勘察方法大同小异，可按不良地质作用和地质灾害的类型选择踏勘、工程地质测绘和调查、长期观测、钻探、原位测试、工程物探、室内岩土试验、水化学分析试验及地理信息系统、地质雷达和地球物理层析成像技术等新技术、新方法。工作量的多少以获取高可靠度的地质资料为依据布置。

除以上各种岩土工程勘察外，还有地基处理岩土工程勘察、既有建筑物的增载和保护岩土工程勘察、铁路岩土工程勘察、公路岩土工程勘察、地铁岩土工程勘察、城市轻轨岩土工程勘察等。

第八章 岩土工程勘察室内试验技术

第一节 岩土工程勘察野外测试技术

一、静力载荷试验

静力载荷试验常用平板载荷试验。平板载荷试验原理是将一定尺寸的荷载板放在地基土的原位（往往要填上 10 cm 左右的砂），然后将千斤顶放在荷载板中心，在千斤顶上面放置一个长约 6 m 的主梁，垂直主梁方向放置若干根长 9 m 左右的副梁（副梁两端设置沙包支墩）组成堆载平台，平台上堆积沙袋作载荷。试验时采用自动记录仪通过千斤顶对荷载板分级施加竖向荷载 P，同时用自动记录仪的位移传感器观测荷载承压板的板顶沉降，这样就可以得到地基土的荷载—沉降曲线。通过对荷载—沉降曲线的分析，可以得到地基土的竖向抗压承载力极限值 P_u，承载力特征值及变形模量等参数。静力载荷试验包括浅层平板载荷试验和深层平板载荷试验。浅层平板载荷试验适用于浅层土，深层平板载荷试验适用于埋深大于或等于 3 m 和地下水位以上的地基土。

（一）平板静力载荷试验装置

试验设备主要由反力系统、压力系统和沉降量测系统三部分组成，另外还包括一定形状和规格的承压板。

1. 反力系统

反力系统的功能是提供加载所需的反力。反力系统一般由主梁、拉锚或主梁、工字钢、堆重物等组成。

2. 压力系统

目前普遍采用油压千斤顶加荷，通过锚式、反力梁式或斜撑式反力装置，将力传给承压板。压力系统一般由千斤顶与油泵系统、压力传感器与自动记录仪等组成。压力表和压力传感器必须按计量部门的要求定期校验、检定，方可使用。千斤顶平放于荷载板中心。

3. 沉降量测系统

沉降量测系统主要包括量测沉降的百分表或数显位移计及自动记录系统。沉降

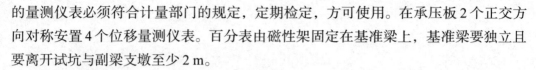

的量测仪表必须符合计量部门的规定，定期检定，方可使用。在承压板2个正交方向对称安置4个位移量测仪表。百分表由磁性架固定在基准梁上，基准梁要独立且要离开试坑与副梁支墩至少2 m。

4. 承压板

承压板宜采用圆形刚性压板，根据土的软硬或岩体裂隙密度选用合适的尺寸。土的浅层平板载荷试验承压板面积不应小于 0.25 m²，对软土和粒径较大的填土不应小于 0.5 m²；土的深层平板载荷试验承压板面积宜选用 0.5 m²；岩石载荷试验承压板的面积不宜小于 0.07 m²。要注意不同面积的荷载板测得的结果可能会不一致。

(二) 地基土抗压承载力、变形模量及基床系数的确定

利用上述曲线可以确定地基土承载力、变形模量、基床系数等。

1. 地基土抗压极限承载力的确定

① 对于陡降型的 P–S 曲线，取 P–S 曲线的第二拐点对应的荷载，或 S–$\lg t$ 曲线明显转折段的前一级荷载定为该点地基土的极限荷载。

② 对于缓变型的 P–S 曲线，取 P–S 曲线上累计沉降量 40 mm 对应的荷载作为极限荷载，如累计沉降量未达到 40 mm，则取最大试验荷载为该点极限荷载 P_u，并用 "至少可取 P_u"。

2. 地基土抗压承载力特征值的确定

① 当 P–S 曲线上有明显的比例界限 (第一拐点) 时，取该比例界限所对应的荷载值作为该点地基土承载力基本值。

② 当 P–S 曲线第一拐点不明显时，如承压板面积为 0.50 m²(直径 80 cm)，则取某一相对沉降值 (S/d, d 为承压板直径或宽度) 所对应的荷载为地基土承载力基本值 f_k。对低压缩性土和砂土，可取 S/d=0.01 ~ 0.015 (8 ~ 12 mm) 所对应的荷载值作为 f_k；对于中、高压缩性土，取 S/d=0.02 (16 mm) 所对应的荷载值，但上述荷载值不应大于最大加载力的一半。

③ 3 个以上荷载点试验得到的地基土承载力基本值的极差不超过平均值的 30% 时，取其平均值作为该幢楼地基土承载力特征值。

3. 地基土变形模量的确定

土的变形模量应根据 P–S 曲线的初始直线段，按均质各向同性半无限弹性介质的弹性理论计算。

浅层平板载荷试验的变形模量 E_0(MPa)，可按式 (8–1) 计算：

$$E_0 = I_0 \left(1 - \mu^2\right) \frac{Pd}{S} \qquad (8\text{–}1)$$

式中：I_0——刚性承压板的形状系数，圆形承压板取 0.785，方形承压板取 0.886；

　　　μ——土的泊松比，碎石土取 0.27，砂土取 0.30，粉土取 0.35，粉质黏土取 0.38，黏土取 0.42；

　　　d——承压板直径，一般为 0.8 m（对应 0.5 m² 荷载板）；

　　　P——P–S 曲线初始直线段终点对应的压力（kPa）；

　　　S——与点 P 对应的沉降（mm）。

4. 地基土基床系数的确定

基床系数定义式为 $K_\mathrm{v} = \dfrac{P}{S}$，$K_\mathrm{v}$ 可根据承压板边长为 30 cm 的平板载荷试验计算。

在应用载荷试验的成果时，由于加荷后影响深度不会超过 5 倍承压板边长或直径，因此对于分层土要充分估计到该影响范围的局限性。特别是当表面有一层"硬壳层"、其下为软弱土层时，软弱土层对建筑物沉降起主要作用，但不受承压板的影响，因此试验结果和实际情况有很大差异。所以对于地基压缩范围内土层分层时，应该用不同尺寸的承压板进行系列静力载荷试验或用钻探取芯试验相配合。

二、静力触探

（一）静力触探试验设备

静力触探仪一般由三部分组成：贯入系统，包括加压装置和反力装置，其作用是将探头匀速、垂直地压入土层中；量测系统，用来测量和记录探头所受的阻力；静力触探头，内有阻力传感器，传感器将贯入阻力通过电信号和机械系统传至自动记录仪并绘出随深度变化的阻力变化曲线。常用的探头分为单桥探头、双桥探头和孔压探头，其主要规格见表 8–1。可以根据实际工程所需测定的参数选用单桥探头、双桥探头或孔压探头，探头圆锥截面积一般为 10 cm² 或 15 cm²。

表 8–1　静力触探探头规格

锥头截面积 /cm²	探头直径 /mm	锥角 /（°）	单桥探头	双桥探头	
			有效侧壁长度 /mm	摩擦筒侧壁面积 /cm²	摩擦筒长度 /mm
10	35.7		57	200	179
15	43.7	60	70	300	219
20	50.4		81	300	189

单桥探头所测到的是包括锥尖阻力和侧壁摩阻力在内的总贯入阻力。双桥探头可分别测出锥尖阻力和侧壁摩阻力。孔压探头在双桥探头的基础上再安装一种可测孔隙水压力的装置。静力触探的基本原理是通过一定的机械装置，用准静力将标准规格的金属探头垂直均匀地压入土层中，同时利用传感器或机械量测仪表测试土层对触探头的贯入阻力，并根据测得的阻力情况来分析判断土层的物理力学性质。目前，工程中主要采用经验公式将贯入阻力与土的物理力学参数联系起来，或根据贯入阻力的相对大小进行定性分析。

(二) 静力触探测试的参数

1. 单桥探头

单桥探头将锥头和摩擦筒连接在一起，因而只能测出一个参数，即比贯入阻力 P_s。该参数的定义为

$$P_s = \frac{P}{A} \tag{8-2}$$

式中：P——总贯入阻力；

$\quad A$——探头锥尖底面积。

由于总贯入阻力包括锥尖阻力和摩擦筒侧壁摩擦力两部分的综合作用，因此贯入阻力 P_s 是锥尖阻力和侧壁摩擦阻力的综合反映。

2. 双桥探头

双桥探头将锥头和摩擦筒分开，可以同时测锥尖阻力和侧壁摩擦阻力两个参数。锥尖阻力 q_c 和侧壁摩阻力 f_s 分别定义如下：

$$q_c = \frac{Q_c}{A} \tag{8-3}$$

$$f_s = \frac{P_f}{A_f} \tag{8-4}$$

式中：Q_c，P_f——锥尖总阻力和侧壁总摩阻力；

$\quad A$，A_f——锥尖底面积和摩擦筒表面积。

由测得的锥尖阻力 q_c 和侧壁摩阻力 f_s，可以计算摩阻力比 R_f：

$$R_f = \frac{f_s}{q_c} \times 100\% \tag{8-5}$$

3. 孔压探头

孔压探头在双桥探头的基础上再安装一种可测触探时产生的超孔隙水压力的装置，因此可以测定 3 个参数，即锥尖阻力 q_c、侧壁摩阻力 f_s 和水压力 u。

三、圆锥动力触探与标贯

(一) 圆锥动力触探

1. 圆锥动力触探的原理

圆锥动力触探试验是利用一定质量的重锤，将与探杆相连接的标准规格的探头打入土中，根据探头贯入土中一定距离所需的锤击数，来判定土的力学特性的一种原位测试方法，具有勘探与测试双重功能。圆锥动力触探试验中，一般以打入土中一定距离（贯入度）所需落锤次数（锤击数）表示探头在土层中贯入的难易程度。同样贯入度条件下，锤击数越多，表明土层阻力越大，土的力学性质越好；反之，锤击数越少，表明土层阻力越小，土的力学性质越差。通过锤击数的大小就很容易定性地了解土的力学性质，再结合大量的对比试验，进行统计分析就可以对土体的物理力学性质作出定量化的评估。

圆锥动力触探适用于强风化、全风化的硬质岩石，各种软质岩石和各类土。圆锥动力触探试验的目的主要有两个：第一，定性划分不同性质的土层，查明土洞、滑动面和软硬土层分界面，检验评估地基土加固改良效果；第二，定量估算地基土层的物理力学参数，如确定砂土孔隙比、相对密度等，以及土的变形和强度的有关参数，评定天然地基土的承载力和单桩承载力。

圆锥动力触探试验装置主要由导向杆、穿心锤、锤座、触探杆以及圆锥形探头五部分组成。此外，圆锥动力触探的试验装置还包括动力机、承重架、提升设备、起拔设备等。在设备安装时，锤座、导向杆与触探杆的轴中心必须成一直线，并且锤座和导杆的总质量不应超过 30 kg。

根据锤击能量，动力触探常常分为轻型、重型和超重型三种。其主要规格参数见表 8-2。

表 8-2　轻型、重型和超重型动力触探规格和适用土层

类型		轻型	重型	超重型
落锤	锤的质量 /kg	10	63.5	120
	落距 /cm	50	76	100
探头	直径 /mm	40	74	74
	锥角 / (°)	60	60	60
探杆直径 /mm		25	42	50~60
触探指标		贯入 30 cm 锤击数 N_{10}	贯入 10 cm 的锤击数 $N_{63.5}$	贯入 10 cm 的锤击数 N_{120}

续表

类型	轻型	重型	超重型
主要适用岩土层	浅部的填土、砂土、粉土、黏性土	砂土、中密以下的碎石土、极软岩	密实和很密的碎石土、软岩、极软岩

从表 8-2 可以看出，锤重 10 kg 的轻型触探（落距 50 cm）的触探指标是贯入土层 30 cm 的锤击数，记为 N_{10}；锤重 63.5 kg 的重型触探（落距 76 cm）和锤重 120 kg 的超重型触探（落距 100 cm）的触探指标是贯入土层 10 cm 的锤击数，记为 $N_{63.5}$ 和 N_{120}。也就是说，土质越好越要采用重型的触探；反之，土质差可采用轻型的触探。动探探头是圆锥形的，与标贯开口型探头不同。

2. 圆锥动力触探试验的技术要求

① 动力触探应采用自动落锤装置。

② 触探杆的最大偏斜不应超过 2%，为了使杆直立，可预钻直立孔导向，锤击时防止偏心以及探杆摇晃。

③ 在贯入过程中应不间断连续击入，锤击速率为 15 ~ 30 击 /min，在砂土、碎石土中，锤击速率影响不大，速率可提高到 60 击 /min。

3. 圆锥动力触探试验的成果应用

动力触探的成果主要是锤击数和锤击数随深度变化的变化曲线。

（1）划分土层

根据动力触探锤击数 N 随深度 h 的变化曲线形状，可以粗略地划分土层。将触探锤击数相近的段划分为一层，并求出每一层触探锤击数的平均值，结合地质资料，定出土的名称。

（2）确定砂土和碎石土的相对密度

用动力触探的锤击数可以确定卵石的密实度以及砂土的密实度、孔隙比。其经验关系见表 8-3。

表 8-3　$N_{63.5}$ 与砂土密实度的关系

土类	$N_{63.5}$	密实度	孔隙比
砾砂	＜ 5	松散	＞ 0.65
	5 ~ 8	稍密	0.65 ~ 0.50
	8 ~ 10	中密	0.50 ~ 0.45
	＞ 10	密实	≤ 0.45
粗砂	＜ 5	松散	＞ 0.80
	5 ~ 6.5	稍密	0.80 ~ 0.70

续表

土类	$N_{63.5}$	密实度	孔隙比
粗砂	6.5 ~ 9.5	中密	0.70 ~ 0.60
	> 9.5	密实	≤ 0.60
中砂	< 5	松散	> 0.90
	5 ~ 6	稍密	0.90 ~ 0.80
	6 ~ 9	中密	0.80 ~ 0.70
	> 9	密实	≤ 0.70

注：表中的数值范围包括前面数值，不包括后面数值。如"0.65 ~ 0.50"表示孔隙大于0.50，小于或等于0.65。

(3) 估算碎石土的变形模量

圆砾、卵石土的变形模量可用式（8-6）确定：

$$E_0 = 4.48 N_{63.5}^{07654} \qquad (8-6)$$

(4) 估算碎石土单桩竖向抗压承载力

根据动力触探与桩静载荷试验得到单桩承载力之间结果的对比，可以得到单桩承载力标准值与锤击数之间的经验关系。这些经验关系带有一定的地区性。单桩承载力标准值 R_k 经验公式为

$$R_k = 24.3 \overline{N}_{63.5} + 365.4 \qquad (8-7)$$

式中：$\overline{N}_{63.5}$ —— 从地面至桩尖修正后的 $N_{63.5}$ 平均值。

(二) 标准贯入试验

1. 标准贯入试验的原理

标准贯入试验是利用一定的锤击动能（质量为 63.5 kg 的穿心锤，以 cm 为落距单位），记录一定规格的贯入器打入钻孔孔底的土层 30 cm 所需的锤击数，作为标准贯入击数 N，从而划分土层和估算土的物理力学性质的一种原位试验方法。试验设备规格见表 8-4。现场试验时先将标准规格的贯入器自钻孔底部预打入 15 cm，不记录锤击数，然后再打入 30 cm，记录锤击数作为标贯击数。其优点是设备简单，钻杆操作方便，且贯入器能取出挠动土样，从而可以直接对土进行鉴别。标贯试验的目的主要是评价砂土的密实度，粉土、黏土的状态，评价土的强度参数、变形参数、地基承载力、单桩极限承载力、沉桩的可能性以及砂土和粉土的液化势。

标贯试验适用于砂土、粉土和一般黏性土，不适用于软塑—流塑状态软土。

表 8-4 标准贯入试验设备规格

落锤		锤的质量 /kg	63.5
		落距 /cm	76
贯入器	对开管	长度 /mm	> 500
		外径 /mm	51
		内径 /mm	35
	管靴	长度 /mm	50 ~ 76
		刃口角度 / (°)	18 ~ 20
		刃口单刃厚度 /mm	2.5
钻杆		直径 /mm	42
		相对弯曲	< 1/1 000

2. 标准贯入试验的技术要求

① 标准贯入试验采用回转钻进，并保持孔内水位略高于地下水位。当孔壁不稳定时，可用泥浆护壁钻至试验标高以上 15 cm 处，清除孔底残土后再进行试验。

② 采用自动脱钩的自由落锤法进行锤击，并减小导向杆与锤间的摩擦力，避免锤击时偏心和侧向晃动，保持贯入器、探杆导向连接后的垂直度，锤击速率应小于 30 击 /min。

③ 贯入器打入土中 15 cm 后，开始记录每 10 cm 击数，累计打入 30 cm 的锤击数为标准贯入试验锤击数 N。当锤击数已达 50 击，而贯入深度未达 30 cm 时，可记录 50 击的实际贯入深度，按下式换算成相当于 30 cm 的标准贯入试验锤击数 N，并终止试验：

$$N = 30 \times \frac{50}{\Delta s} \tag{8-8}$$

式中：Δs ——50 击时的贯入深度（cm）。

④ 旋转探杆，提出贯入器，并取出贯入器中的土样进行鉴别、描述、记录，必要时送实验室进行室内扰动样分析。

⑤ 在不能保持孔壁稳定的钻孔中进行试验时，可用泥浆或套管护壁。

3. 标准贯入试验的成果应用

标准贯入试验的主要成果是标贯击数 N 与深度的关系曲线。在应用标准贯入击数 N 的经验关系评定土的有关工程性质时，要注意 N 值是否做过有关的修正。

（1）划分土层

根据标准贯入击数随深度变化的变化曲线形状，可以粗略地划分土层。将标贯击数相近的段划分为一层，并求出每一层标贯击数的平均值，结合地质资料，定出土的名称。

（2）判断砂土的密实度和相对密度 D_r

显然，砂土的密实度越高，标贯击数 N 就越大；反之，砂土密实度越低，标贯击数 N 越小。因此，可以利用标贯击数对砂土的密实程度进行判别。

（3）评定土的强度指标

根据标贯击数 N，可评定砂土的内摩擦角 φ 和黏性土的不排水强度 C_u。太沙基（Terzaghi）和佩克（Peck）提出的 C_u 与 N 之间的关系为

$$C_u = (6 \sim 6.5)N \tag{8-9}$$

（4）评价地基土的承载力

《建筑地基基础设计规范》（GB 50007—2023）中，用标贯击数 N 值确定的砂土和黏性土的承载力标准值 f_k，详见表 8-5、表 8-6。

表 8-5　黏性土承载力标准值

N	3	5	7	9	11	13	15	17	19	21	23
f_k/Pa	105	145	190	235	280	325	370	430	515	600	680

表 8-6　砂土承载力标准值

N		10	15	30	50
f_k/kPa	中、粗砂	180	250	340	500
	粉、细砂	140	180	250	340

（5）估算单桩承载力

预估钻孔灌注桩单桩竖向极限承载力的计算公式为

$$P_u = 2.78 N_p A_p + 3.3 N_s A_s + 3.1 N_c A_c - Ch + 17.33 \tag{8-10}$$

式中：P_u——单桩竖向极限承载力（kN）；

A_p——桩端的截面积（m²）；

A_s，A_c——桩在砂土和黏土层中的侧面积（m²）；

N_p——桩端附近土层中的标贯击数；

N_s——桩周砂土层标贯击数；

N_c——桩周黏土层标贯击数；

h——孔底虚土的厚度（m）；

C——孔底虚土折减系数（kN/m），取 18.1。

（6）进行饱和砂土和粉土的地震液化势判别

饱和粉土、砂土当经过初步判别为可能液化或需考虑液化影响时，应进一步进

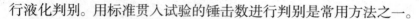

行液化判别。用标准贯入试验的锤击数进行判别是常用方法之一。

标准贯入试验成果除以上主要应用外，还可通过建立的地区性经验，用 N 值确定黏性土的稠度状态和抗剪强度参数等。

第二节　岩土样采取技术与鉴别

一、岩土样采取技术

工程地质钻探的任务之一是采取岩土试样，这是岩土工程勘察中必不可少的、经常性的工作，通过采取土样，进行土类鉴别，测定岩土的物理力学性质指标，可为定量评价岩土工程问题提供技术指标。

关于试样的代表性，从取样角度，应考虑取样的位置、数量和技术方法，以及取样的成本和勘察设计要求。

(一) 土样质量等级

土样的质量实质上是土样的扰动问题。土样扰动表现在土的原始应力状态、含水量、结构和组成成分等方面的变化，它们产生于取样之前、取样之中以及取样之后直至试样制备的全过程之中。实际上，完全不扰动的真正原状土样是无法取得的。

不扰动土样或原状土样的基本质量要求如下：

① 没有结构扰动；

② 没有含水量和孔隙比的变化；

③ 没有物理成分和化学成分的改变。

由于不同试验项目对土样扰动程度有不同的控制要求，因此我国的《工程岩体试验方法标准》（GB/T 50266—2013）中根据不同的试验要求来划分土样质量级别。根据试验目的，把土试样的质量分为 4 个等级（表 8-7），并明确规定各级土样能进行的试验项目。表 8-7 中 I 级、II 级土样相当于原状土样，但 I 级土样比 II 级土样有更高的要求。表中对 4 个等级土样扰动程度的区分只是定性的和相对的，没有严格的定量标准。

表 8-7　土试样质量等级表

等级	扰动程度	试验内容
I	不扰动	土类定名、含水量、密度、强度试验、固结试验
II	轻微扰动	土类定名、含水量、密度

续表

等级	扰动程度	试验内容
Ⅲ	显著扰动	土类定名、含水量
Ⅳ	完全扰动	土类定名

注：① 不扰动是指原位应力状态虽已改变，但土的结构、密度和含水量变化很小，能满足室内试验各项要求；② 除地基基础设计等级为甲级的工程外，在工程技术要求允许的情况下可用Ⅱ级土试样进行强度和固结试验，但宜先对土试样受扰动程度进行抽样鉴定，判别用于试验的适宜性，并结合地区经验使用试验成果。

(二) 钻孔取土器类型及适用条件

取样过程中，对土样扰动程度影响最大的因素是所采用的取样方法和取样工具。从取样方法来看，主要有两种：一是从探井、探槽中直接取样；二是用钻孔取土器从钻孔中采取。目前各种岩土样品的采取主要是采用第二种方法。钻孔取土器主要有两种类型，即贯入式取土器和回转式取土器。

1. 贯入式取土器

贯入式取土器可分为敞口取土器和活塞取土器两大类型。敞口取土器按管壁厚度分为厚壁和薄壁两种，活塞取土器则分为固定活塞、水压固定活塞、自由活塞等几种。

(1) 敞口取土器

敞口取土器是最简单的取土器，其优点是结构简单，取样操作方便。缺点是不易控制土样质量，土样易于脱落。在取样管内加装内衬管的取土器称为复壁敞口取土器，其外管多采用半合管，易于卸出衬管和土样。其下接厚壁管靴，能应用于软硬变化范围很大的多种土类。由于壁厚，面积比可达40%，对土样扰动大，只能取得Ⅱ级以下的土样。薄壁取土器只用一薄壁无缝管作为取样管，面积比降低至10%以下，可作为采取Ⅰ级土样的取土器。薄壁取土器只适用于软土或较疏松的土取样。土质过硬，取土器易于受损。薄壁取土器内不可能设衬管，一般是将取样管与土样一同封装送到实验室。因此，需要大量的备用取土器，这样既不经济又不便于携带。现行规范允许以束节式取土器代替薄壁取土器。这种束节式取土器是综合了厚壁和薄壁取土器的优点而设计的，其特点是将厚壁取土器下端刃口段改为薄壁管(此段薄壁管的长度一般不应短于刃口直径的3倍)，以减少对厚壁管面积比的不利影响，取出的土样可达到或接近Ⅰ级。

(2) 活塞取土器

如果在敞口取土器的刃口部装一活塞，在下放取土器的过程中，使活塞与取样管的相对位置保持不变，即可排开孔底浮土，使取土器顺利到达预计取样位置。此后，将活塞固定不动，贯入取样管，土样则相对地进入取样管，但土样顶端始终处于活塞之下，不可能产生凸起变形。回提取土器时，处于土样顶端的活塞既可隔绝上、下水压、气压，也可以在土样与活塞之间保持一定的负压，防止土样失落而又不至于像上提活塞那样出现过分的抽吸。活塞取土器有以下几种。

① 固定活塞取土器。在敞口薄壁取土器内增加一个活塞以及一套与之相连接的活塞杆，活塞杆可通过取土器的头部并经由钻杆的中空延伸至地面。下放取土器时，活塞处于取样管刃口端部，活塞杆与钻杆同步下放，到达取样位置后，固定活塞杆与活塞，通过钻杆压入取样管进行取样。固定活塞薄壁取土器是目前国际公认的高质量取土器，但因需要两套杆件，操作比较复杂。

② 水压固定活塞取土器。其特点是去掉了活塞杆，将活塞连接在钻杆底端，取样管则与另一套在活塞缸内的可动活塞连接，取样时通过钻杆施加水压，驱动活塞缸内的可动活塞，将取样管压入土中。其取样效果与固定活塞式相同，操作较为简单，但结构仍较复杂。

③ 自由活塞取土器。自由活塞取土器与固定活塞取土器的不同之处在于活塞杆不延伸至地面，而只穿过上接头，用弹簧锥卡予以控制，取样时依靠土试样将活塞顶起，操作较为简便。但土试样上顶活塞时易受扰动，取样质量不及前面两种取土器。

2. 回转式取土器

贯入式取土器一般只适用于软土及部分可塑状土，对于坚硬、密实的土类则不适用。对于这些土类，必须改用回转式取土器。回转式取土器主要有两种类型。

(1) 单动二重（三重）管取土器

类似于岩芯钻探中的双层岩芯管，如在内管内再加衬管，则成为三重管，其内管一般与外管齐平或稍超前于外管。取样时外管旋转，而内管保持不动，故称单动。内管容纳土样并保护土样不受循环液的冲蚀。回转式取土器取样时采用循环液冷却钻头并携带岩土碎屑。

(2) 双动二重（三重）管取土器

所谓双动二重（三重）管取土器是指取样时内管、外管同时旋转，适用于硬黏土、密实的沙砾石土以及软岩。内管回转虽然会产生较大的扰动影响，但对于坚硬密实的土层，这种扰动影响不大。

(三) 原状土样的采取方法

1. 钻孔中采取原状试样的方法

(1) 击入法

击入法是用人力或机械力操纵落锤，将取土器击入土中的取土方法。按锤击次数分为轻锤多击法和重锤少击法，按锤击位置又分为上击法和下击法。经过比较取样试验认为，就取样质量而言，重锤少击法优于轻锤多击法，下击法优于上击法。

（2）压入法

压入法可分为慢速压入和快速压入两种。

①慢速压入法。慢速压入法是用杠杆、千斤顶、钻机手把等加压，取土器进入土层的过程是不连续的。在取样过程中对土试样有一定程度的扰动。

②快速压入法。快速压入法是将取土器快速、均匀地压入土中，采用这种方法对土试样的扰动程度最小。目前普遍使用以下两种：一是活塞油压筒法，采用比取土器稍长的活塞压筒通过高压，强迫取土器以等速压入土中；二是钢绳、滑车组法，借机械力量通过钢绳、滑车装置将取土器压入土中。

（3）回转法

此法系使用回转式取土器取样，取样时内管压入取样，外管回转切削的废土一般用机械钻机靠冲洗液带出孔口。这种方法可减少取样时对土试样的扰动，从而提高取样质量。

2.探井、探槽中采取原状试样的方法

探井、探槽中采取原状试样可采用两种方式：一种是锤击敞口取土器取样；另一种是人工刻切块状土试样。后一种方法使用较多，因为块状土试样的质量高。

人工采取块状土试样一般应注意以下几点。

①避免对取样土层的人为扰动破坏，开挖至接近预计取样深度时，应留下20~30 cm厚的保护层，待取样时再细心铲除。

②防止地面水渗入，并及时抽走井底水。

③防止暴晒导致水分蒸发，坑底暴露时间不能太长，否则会风干。

④尽量缩短切削土样的时间，及早封装。

块状土试样可以切成圆柱状和方块状。也可以在探井、探槽中采取"盒状土样"，这种方法是将装配式的方形土样容器放在预计取样位置，边修切、边压入，从而取得高质量的土试样。

（四）钻孔取样操作要求

土样质量的优劣，不仅取决于取土器具，还取决于取样全过程的各项操作是否恰当。

1.钻进要求

钻进时应力求不扰动或少扰动预计取样处的土层。为此应做到以下几点。

①使用合适的钻具与钻进方法。一般应采用较平稳的回转式钻进。当采用冲

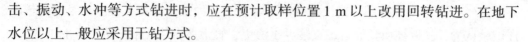

击、振动、水冲等方式钻进时，应在预计取样位置 1 m 以上改用回转钻进。在地下水位以上一般应采用干钻方式。

② 在软土、砂土中宜用泥浆护壁。若使用套管护壁，应注意旋入套管时管靴对土层的扰动，且套管底部应限制在预计取样深度以上大于 3 倍孔径的距离。

③ 应注意保持钻孔内的水头等于或稍高于地下水位，以避免产生孔底管涌，在饱和粉、细砂土中尤应注意。

2. 取样要求

《工程岩体试验方法标准》(GB/T 50226—2013) 规定：在钻孔中采取 Ⅰ~Ⅱ 级砂样时，可采用原状取砂器，并按相应的现行标准执行。在钻孔中采取 Ⅰ~Ⅱ 级土试样时，应满足下列要求。

① 在软土、砂土中宜采用泥浆护壁。如使用套管，应保持管内水位等于或稍高于地下水位，取样位置应低于套管底 3 倍孔径的距离。

② 采用冲洗、冲击、振动等方式钻进时，应在预计取样位置 1m 以上改用回转钻进。

③ 下放取土器前应仔细清孔，清除扰动土，孔底残留浮土厚度不应大于取土器废土段长度 (活塞取土器除外)。

④ 采取土试样宜用快速静力连续压入法。

3. 土试样封装、储存和运输

对于 Ⅰ~Ⅲ 级土试样的封装、储存和运输，应符合下列要求。

① 取出土试样应及时妥善密封，以防止湿度变化，严防暴晒或冰冻。

② 土样运输前应妥善装箱、填塞缓冲材料，运输过程中避免颠簸。对于易振动液化、灵敏度高的试样宜就近进行试验。

③ 土样从取样之日起至开始试验前的储存时间不应超过 3 周。

二、岩土样的鉴别

岩土样的鉴别即对岩土样进行合理的分类，是岩土工程勘察和设计的基础。从工程的角度来说，岩土分类就是系统地把自然界中不同的岩土分别根据工程地质性质的相似性划分到各个不同的岩土组合中，以使人们有可能依据同类岩土一致的工程地质性质去评价其性质，或提供一个比较确切的描述岩土的方法。

（一）分类的目的、原则和分类体系

土的分类体系就是根据土的工程性质差异将土划分成一定的类别，目的在于通过通用的鉴别标准，便于在不同土类间进行有价值的比较、评价、积累以及开展学术与经验的交流。分类原则如下：分类要简明，既要能综合反映土的主要工程性质，

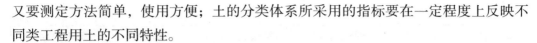

又要测定方法简单，使用方便；土的分类体系所采用的指标要在一定程度上反映不同类工程用土的不同特性。

岩体的分类体系有以下两类。

1. 建筑工程系统分类体系

建筑工程系统分类体系侧重作为建筑地基和环境的岩土，例如：GB 50007—2023《建筑地基基础设计规范》地基土分类方法。

2. 工程材料系统分类体系

工程材料系统分类体系侧重把土作为建筑材料，用于路堤、土坝和填土地基工程，研究对象为扰动土。

（二）岩石的分类和鉴定

在进行岩土工程勘察时，应鉴定岩石的地质名称和风化程度，并进行岩石坚硬程度、岩体结构、完整程度和岩体基本质量等级的划分。

① 岩石按成因可划分为岩浆岩、沉积岩、变质岩等类型。

② 岩石质量指标（RQD）是用直径为 75 mm 的金刚石钻头和双层岩芯管在岩石中钻进，连续取芯，回次钻进所取岩芯中，长度大于 10 cm 的岩芯段长度之和与该回次进尺的比值，以百分数表示（表 8-8）。

表 8-8　岩石质量指标的划分表

岩石质量指标	好	较好	比较差	差	极差
RQD	≥ 90%	75% ~ 90%	50% ~ 75%	25% ~ 50%	< 25%

注：表中数值范围包括前者，不包括后者。

③ 岩体按结构可分为五大类（表 8-9）。

表 8-9　岩体按结构类型划分

岩体结构类型	岩体地质类型	结构面形状	结构面发育情况	岩体工程特征	可能发生的岩体工程问题
整体状结构	巨块状岩浆岩和变质岩、巨厚层沉积岩	巨块状	以层面和原生、构造节理为主，多呈闭合性，间距大于 1.5 m，一般为 1 ~ 2 组，无危险结构面	岩体稳定，可视为均质弹性各向同性体	局部滑动或坍塌，深埋洞室的岩爆
块状结构	厚层状沉积岩、块状沉积岩和变质岩	块状柱状	有少量贯穿性节理裂隙，节理面间距 0.7 ~ 1.5 m，一般有 2 ~ 3 组，有少量分离体	结构面相互牵制，岩体基本稳定，接近弹性各向同性体	

续表

岩体结构类型	岩体地质类型	结构面形状	结构面发育情况	岩体工程特征	可能发生的岩体工程问题
层状结构	多韵律薄层、中厚层状沉积岩，副变质岩	层状板状	有层理、片理、节理，常有层间错动带	变形和强度受层面控制，可视为各向异性弹塑性体，稳定性较差	可沿结构面滑塌，软岩可产生塑性变形
碎裂结构	构造影响严重的破碎岩层	碎块状	断层、节理、片理、层理发育，结构面间距 0.25 ~ 0.50 m，一般有 3 组以上，有许多分离体	整体强度较低，受软弱结构面控制，呈弹塑性体，稳定性差	易发生规模较大的岩体失稳，地下水加剧失稳
散体状结构	断层破碎带、强风化及全风化带	碎屑状	构造和风化裂隙密集，结构面错综复杂，多充填黏性土，形成无序小块和碎屑	完整性遭极大破坏，稳定性极差，接近松散介质	易发生规模较大的岩体失稳，地下水加剧失稳

第三节　室内制样与土工试验的方法

一、室内制样

土样的制备是获得正确试验成果的前提。为保证试验成果的可靠性以及试验数据的可比性，应严格按照规程要求的程序进行制备。

土样制备可分为原状土和扰动土的制备。本节主要讲述扰动土的制备。扰动土的制备程序主要包括取样、风干、碾散、过筛、制备等，这些程序步骤的正确与否，都会直接影响到试验成果的可靠性。土样的制备都融合在今后的每个试验项目中。

(一)试样制备所需的主要设备仪器

1. 细筛

孔径 0.5 mm、2 mm。

2. 洗筛

孔径 0.075 mm。

3. 台秤和天平

称量 10 kg，最小分度值 5 g；称量 5 000 g，最小分度值 1 g；称量 1 000 g，最小分度值 0.5 g；称量 500 g，最小分度值 0.1 g；称量 200 g，最小分度值 0.01 g。

4. 环刀

由不锈钢材料制成。内径 61.8 mm 和 79.8 mm，高 20 mm；内径 61.8 mm，高 40 mm。

5. 主要仪器

包括击样器和压样器。

6. 其他

包括切土刀、钢丝锯、碎土工具、烘箱、保湿缸、喷水设备等。

(二) 原状土试样的制备

原状土试样的制备要点如下。

① 将土样筒按标明的上、下方向放置，剥去蜡封和胶带，开启土样筒取出土样。检查土样结构，当确定土样已受扰动或取土质量不符合规定时，不应制备力学性质试验的试样。

② 根据试验要求用环刀切取试样时，应在环刀内壁涂一薄层凡士林，刃口向下放在土样上，将环刀垂直下压，并用切土刀沿环刀外侧切削土样，边压边削至土样高出环刀。根据试样的软硬采用钢丝锯或切土刀整平环刀两端土样，擦净环刀外壁，称环刀和土的总质量。

③ 从余土中取代表性试样，供测定含水率、相对密度、颗粒分析、界限含水率等试验时使用。

④ 切削试样时，应对土样的层次、气味、颜色、夹杂物、裂缝和均匀性进行描述，对低塑性和高灵敏度的软土，制样时不得扰动。

(三) 扰动土试样的备样

扰动土试样的备样要点如下。

① 将土样从土样筒或包装袋中取出，对土样的颜色、气味、夹杂物和土类及均匀程度进行描述，并将土样切成碎块，拌和均匀，取代表性土样测定含水率。

② 对均质和含有机质的土样，宜采用天然含水率状态下代表性土样，供颗粒分析、界限含水率试验。对非均质土应根据试验项目取足够数量的土样，置于通风处晾干至可碾散为止。对砂土和进行相对密度试验的土样宜在 105 ~ 110℃温度下烘干，对有机质含量超过 5% 的土、含石膏和硫酸盐的土，应在 65 ~ 70℃温度下烘干。

③ 将风干或烘干的土样放在橡皮板上用木碾碾散，对不含砂和砾的土样，可用碎土器碾散（碎土器不得将土粒破碎）。

④ 对分散后的粗粒土和细粒土，根据试验要求过筛：对于物理性试验土样，如

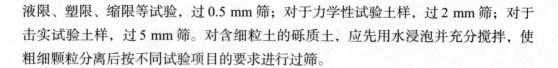

液限、塑限、缩限等试验，过 0.5 mm 筛；对于力学性试验土样，过 2 mm 筛；对于击实试验土样，过 5 mm 筛。对含细粒土的砾质土，应先用水浸泡并充分搅拌，使粗细颗粒分离后按不同试验项目的要求进行过筛。

(四) 扰动土试样的制样

扰动土试样的制样要点如下。

① 试样的数量视试验项目而定，应有备用试样 1~2 个。

② 将碾散的风干土样通过孔径 2 mm 或 5 mm 的筛，取筛下足够试验用的土样，充分拌匀，测定风干含水率，装入保湿缸或塑料袋内备用。

③ 根据试验所需的土量与含水率，制备试样所需的加水量应按式 (8-11) 计算：

$$m_w = \frac{m_0}{1+0.01w_0} \times 0.01(w_1 - w_0) \qquad (8-11)$$

式中：m_w——为制备试样所需的加水量（g）；

m_0——为湿土（或风干土）质量（g）；

w_0——为湿土（或风干土）含水率（%）；

w_1——为制备要求的含水率（%）。

④ 称取过筛的风干土样平铺于搪瓷盘内，将水均匀喷洒于土样上，充分拌匀后装入盛土容器内盖紧，润湿一昼夜，砂土的润湿时间可酌减。

⑤ 测定润湿土样不同位置处的含水率，不应少于两点，每组试样的含水率与要求含水率之差不得超过 ±1%。

⑥ 根据环刀容积及所需的干密度，制样所需的湿土量应按式 (8-12) 计算：

$$m_0 = (1+0.01w_0)\rho_d v \qquad (8-12)$$

式中：ρ_d——试样所要求的干密度（g/cm³）；

v——试样体积（cm³）。

⑦ 扰动土制样可采用击样法和压样法。击样法是指将根据环刀容积和要求干密度所需质量的湿土倒入装有环刀的击样器内，击实到所需密度。压样法是指将根据环刀容积和要求干密度所需质量的湿土倒入装有环刀的压样器内，以静压力通过活塞将土样压紧到所需密度。

⑧ 取出带有试样的环刀，称环刀和试样的总质量，对不需要饱和且不立即进行试验的试样，应存放在保湿器内备用。

二、土的密度

(一) 环刀法

本试验方法适用于细粒土。

1. 试验设备规定

本试验所用的主要仪器设备，应符合下列规定。

(1) 环刀

内径为 61.8 mm 和 79.8 mm，高度为 20 m。

(2) 天平

称量为 500 g，最小分度值为 0.1 g；称量为 200 g，最小分度值为 0.01 g。

2. 试验步骤

环刀法测定密度，应对原状土制样步骤进行试验、称重并求得试样的湿密度，计算公式为

$$\rho_0 = \frac{m_0}{V} \tag{8-13}$$

式中：ρ_0——试验的湿密度（g/cm³），精确到 0.01 g/cm³。

试样的干密度应按式（8-13）计算：

$$\rho_d = \frac{\rho_0}{1 + 0.01w_0} \tag{8-14}$$

本试验应进行两次平行测定，两次测定的差值不得大于 0.03 g/cm³，取两次测值的平均值。

(二) 蜡封法

本试验方法适用于易破裂土和形状不规则的坚硬土。

1. 试验设备规定

本试验所用的主要仪器设备，应符合下列规定。

(1) 蜡封设备

应附熔蜡加热器。

(2) 天平

应符合环刀法天平的规定。

2. 蜡封法试验步骤

① 从原状土样中，切取体积不小于 30 cm³ 的代表性试样，清除表面浮土及尖

锐棱角，系上细线，称试样质量，精确至 0.01 g。

②持线将试样缓缓浸入刚过熔点的蜡液中，浸没后立即提出，检查试样周围的蜡膜，当有气泡时应用针刺破，再用蜡液补平，冷却后称蜡封试样质量。

③将蜡封试样挂在天平的一端，浸没于盛有纯水的烧杯中，称蜡封试样在纯水中的质量，并测定纯水的温度。

④取出试样，擦干蜡面上的水分，再称蜡封试样质量，当浸水后试样质量增加时，应另取试样重做试验。

试样的干密度应按式（8-15）计算：

$$\rho_0 = \frac{m_0}{\dfrac{m_n - m_{nw}}{\rho_{wT}} - \dfrac{m_n - m_0}{\rho_n}} \tag{8-15}$$

式中：m_n——蜡封试样质量（g）；

$\quad\quad m_{nw}$——蜡封试样在纯水中的质量（g）；

$\quad\quad \rho_{wT}$——纯水在常温下的密度（g/cm³）；

$\quad\quad \rho_n$——蜡的密度（g/cm³）。

本试验应进行两次平行测定，两次测定的差值不得大于 0.03 g/cm³，取两次测值的平均值。

三、土的含水率

本试验方法适用于粗粒土、细粒土、有机质土和冻土。

(一) 试验设备规定

本试验所用的主要仪器设备，应符合下列规定。

1. 电热烘箱

温度应控制在 105 ~ 110 ℃。

2. 天平

称量为 200 g，最小分度值为 0.01 g；称量为 1 000 g，最小分度值为 0.1 g。

(二) 含水率试验步骤

含水率试验步骤如下。

①取具有代表性试样 10 ~ 30 g 或用环刀中的试样（有机质土、砂类土和整体状构造冻土为 50 g），放入称量盒内，盖上盒盖，称盒加湿土质量，精确至 0.01 g。

②打开盒盖，将盒置于烘箱内，在 105 ~ 110 ℃的恒温下烘至恒量。黏土、粉

土的烘干时间不得少于 8 h，对砂土不得少于 6 h，对含有机质超过干土质量 5% 的土，应将温度控制在 65～70 ℃的恒温下烘至恒量。

③ 将称量盒从烘箱中取出，盖上盒盖，放入干燥容器内冷却至室温，称盒加干土质量，准确至 0.01 g。

试样的含水率 w_0 应按式（8-16）计算，精确至 0.1%：

$$w_0 = \left(\frac{m_0}{m_d} - 1 \right) \times 100 \ \% \tag{8-16}$$

式中：m_d——干土质量（g）；

m_0——湿土质量（g）。

（三）层状和网状构造的冻土含水率试验步骤

层状和网状构造的冻土含水率试验步骤如下。

① 用四分法切取 200～500 g 试样（视冻土结构均匀程度而定，结构均匀少取，反之多取）放入搪瓷盘中，称盘和试样质量，精确至 0.1 g。

② 待冻土试样融化后，调成均匀糊状（土太湿时，多余的水分让其自然蒸发或用吸球吸出，但不得将土粒带出；土太干时，可适当加水），称土糊和盘质量，精确至 0.1 g。

层状和网状冻土的含水率应按式（8-17）计算，精确至 0.1%：

$$w = \left[\frac{m_1}{m_2} \left(1 + 0.01 w_h \right) - 1 \right] \times 100\% \tag{8-17}$$

式中：w——含水量（%）；

m_1——冻土试样质量（g）；

m_2——糊状试样质量（g）；

w_h——糊状试样的含水率（%）。

本试验必须对两个试样进行平行测定，测定的差值：当含水率小于 40% 时，为 1%；当含水率大于或等于 40% 时，为 2%；对层状和网状构造的冻土不大于 3%，取两个测值的平均值，以百分数表示。

第九章　岩土工程勘察与评价

第一节　特殊性岩土的岩土工程勘察与评价

特殊性岩土是指具有独特的物理力学性质和工程特征，以及特殊的物质组成、结构的岩土。如果在这类岩土上修建建筑物，为了安全和经济，就必须采取一些有效的勘察手段和特殊的判别与评价方法，否则可能会给工程建设带来不良后果。

一、湿陷性黄土

（一）概述

1. 湿陷性黄土的分布及特性

黄土是一种第四纪沉积物，呈黄色，颗粒组成以 0.005 ~ 0.05 mm 的粉粒为主（含量在 40% 以上），肉眼可见大孔隙，垂直节理发育。在天然含水量状态下的黄土一般具有较高的强度和较低的压缩性。但是有的黄土，在一定压力（上覆土自重压力或上覆土自重压力与附加压力共同作用）下遇水浸湿后，土体的结构迅速破坏，并发生显著的附加下沉，其强度也随之迅速降低，这种黄土称为湿陷性黄土。有的黄土并不发生湿陷，则称为非湿陷性黄土。湿陷性黄土主要分布在沙漠下风处，主要分布在甘肃中部及东部、宁夏南部、陕西北部、山西北部。

湿陷性黄土具有如下特征：

① 颗粒粒度：以粉砂为主，占 60% ~ 70%，其次为黏土。

② 易溶盐含量高，碳酸盐类占 10% ~ 30%，其次为氯化物和硫化物。

③ 质地均一，结构松散，孔隙大，孔隙度为 33% ~ 64%。

④ 垂直节理发育。

⑤ 具湿陷性。

2. 湿陷发生的原因及影响因素

黄土湿陷现象是一个复杂的物理、化学变化过程，它受到多方因素的制约和影响。黄土湿陷必在一定压力下遇水后发生，但是如果没有黄土本身固有的特点，湿陷现象还是无从产生。在一定压力下受水浸湿是黄土湿陷现象产生所必需的外界条

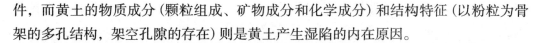

件，而黄土的物质成分（颗粒组成、矿物成分和化学成分）和结构特征（以粉粒为骨架的多孔结构，架空孔隙的存在）则是黄土产生湿陷的内在原因。

影响黄土湿陷性的因素很多，黄土中的黏粒含量的多寡、胶结物的多少和成分以及颗粒的组成和分布，对黄土的结构特点和湿陷性的强弱有着重要影响。黏粒和胶结物含量大，可在骨架颗粒间起到胶结包裹作用，形成稳定致密的结构，使湿陷性降低，力学性质得到改善；相反，当粒径大于 0.005 mm 的颗粒增多，黏粒和胶结物减少，骨架颗粒彼此直接接触，则土体结构疏松，强度降低，湿陷性增强。黄土中架空孔隙的存在是黄土产生湿陷的内在因素。黄土中盐类的类型和多少对黄土的湿陷性也有明显的影响，易溶盐含量高，湿陷敏感性强，沉陷突然；中、难溶盐含量高，则湿陷有滞后现象。黄土的湿陷性还与土体的天然孔隙比、含水量和所受压力有关。天然孔隙比越大、含水量越小，则湿陷性越强。在含水量和孔隙比不变的条件下，随着压力的增加，黄土的湿陷性增加，但是当压力超过某一数值后，再增加压力，湿陷性反而降低。特别是新近堆积黄土，在小压力下，对变形很敏感，呈现高压缩性。湿陷性黄土地基遇水概率的高低也对湿陷产生的可能性有很大影响，遇水量的多寡、时间的长短也将影响湿陷量的大小。

3. 黄土湿陷性的评价

采用湿陷系数判定黄土的湿陷性，其定义如式（9-1），由室内压缩试验测定。

$$\delta_s = \frac{h_p - h_p'}{h_0} \tag{9-1}$$

式中：h_0——试样初始高度（mm）；

h_p——保持天然湿度和结构的试样，加至一定压力时（基底 10 m 以内的土层应用 200 kPa，10m 以下至非湿陷性黄土顶面应用其上覆土的饱和自重压力，大于 300 kPa 时，仍应用 300 kPa；当基底压力大于 300 kPa 时，宜用实际压力），下沉稳定后的高度（mm）；

h_p'——上述加压后稳定试样，在浸水（饱和）作用下，附加下沉稳定后的高度（mm）。

当 $\delta_s \geq 0.015$ 时，为湿陷性黄土；当 $\delta_s < 0.015$ 时，则为非湿陷性黄土。对于自重湿陷性的判定则是由自重湿陷系数 δ_{zs} 确定，其定义如式（9-2）。

$$\delta_{zs} = \frac{h_z - h_z'}{h_0} \tag{9-2}$$

式中：h_0——试样初始高度（mm）；

h_z——保持天然湿度和结构的试样，加至上覆土饱和自重压力时，下沉稳定后的高度（mm）；

h_z'——上述加压后稳定试样，在浸水（饱和）作用下，附加下沉稳定后的高度（mm）。

当 $\delta_{zs} \geqslant 0.015$ 时，为自重湿陷性黄土；当 $\delta_{zs} < 0.015$ 时，则为非自重湿陷性黄土。

4.湿陷性黄土的土质改良

湿陷性黄土的土质改良常用以下方法：

(1)重锤表层夯实

一般采用 2.5～3.0 t 的重锤，落距 4.0～4.5 m，可消除地下 1.2～1.75 m 黄土层的湿陷性。

(2)强夯

一般采用 8～40 t 的重锤（最重达 200 t），10～20 m（最大达 40 m）的高度自由下落，击实土层。

(3)换土垫层

先将处理范围内的黄土挖出，然后用素土或灰土在最佳含水量下回填夯实。可消除地表下 1～3 m 的黄土层的湿陷性。

(4)挤密桩

先在土内成孔，然后在孔中分层填入素土或灰土并夯实。在成孔和填土夯实过程中，桩周的土被挤压密实，从而消除湿陷性。

(5)化学灌浆加固

通过注浆管，将化学浆液注入土层中，使溶液本身起化学反应，或溶液与土体起化学反应，生成凝胶物质或结晶物质，将土胶结成整体，从而消除湿陷性。

(二) 勘察技术要求

湿陷性土场地勘察应符合下列要求。

① 勘探点的间距应按规范的规定取小值。对于湿陷性土分布极不均匀的场地应加密勘探点。

② 控制性勘探孔深度应穿透湿陷性土层。

③ 应查明湿陷性土的年代、成因、分布以及其中的夹层、包含物、胶结物的成分和性质。

④ 对于湿陷性碎石土和砂土，宜采用动力触探试验和标准贯入试验确定其力学特性。

⑤ 不扰动土试样应在探井中采取。

⑥ 不扰动土试样除测定一般物理力学性质外，还应做土的湿陷性和湿化试验。

⑦ 对不能取得不扰动土试样的湿陷性土，应在探井中采用大体积法测定其密度和含水量。

⑧ 对于厚度超过 2 m 的湿陷性土，应在不同深度处分别进行浸水载荷试验，并应不受相邻试验的浸水影响。

湿陷性土的岩土工程评价应符合下列规定。

① 湿陷性土的湿陷程度划分应符合表 9-1 的规定。

表 9-1　湿陷程度分类

湿陷程度	附加湿陷量 ΔF_s/cm	
	承压板面积为 0.50 cm^2	承压板面积为 0.25 cm^2
轻微	$1.6 < \Delta F_s \leqslant 3.2$	$1.1 < \Delta F_s \leqslant 2.3$
中等	$3.2 < \Delta F_s \leqslant 7.4$	$2.3 < \Delta F_s \leqslant 5.3$
强烈	$\Delta F_s > 7.4$	$\Delta F_s > 5.3$

② 湿陷性土的地基承载力宜采用载荷试验或其他原位测试确定。

③ 对于湿陷性土边坡，当浸水因素引起湿陷性土本身或其与下伏地层接触面的强度降低时，应进行稳定性评价。

湿陷性土地基受水浸湿至下沉稳定为止的总湿陷量 Δ_s（cm），应按下式计算：

$$\Delta_s = \sum_{i=1}^{n} \beta \Delta F_{si} h_i \tag{9-3}$$

式中：ΔF_{si}——第 i 层土浸水荷载试验的附加湿陷量（cm）；

　　　h_i——第 i 层土厚度，从基础地面（初步勘察时自地面下 1.5 m）算起，$\Delta F_{si}/b < 0.023$ 的不计入（cm），b 为承压板宽度（m）；

　　　β——修正系数，当承压板面积为 0.50 cm^2 时，$\beta=0.014$ cm^{-1}，当承压板面积为 0.25 cm^2 时，$\beta=0.020$ cm^{-1}。

湿陷性土地基的湿陷等级应按表 9-2 判定。

表 9-2　湿陷性土地基的湿陷等级

总湿陷量 Δ_s/cm	湿陷性土总厚度 /m	湿陷等级
$5 < \Delta_s \leqslant 30$	> 3	I
	$\leqslant 3$	II
$30 < \Delta_s \leqslant 60$	> 3	
	$\leqslant 3$	III
$\Delta_s > 60$	> 3	
	$\leqslant 3$	IV

二、膨胀土

(一)膨胀土的相关基础

1.膨胀土的分布

膨胀土是指含有大量的强亲水性黏土矿物成分,具有显著的吸水膨胀和失水收缩特性,且胀缩变形往复可逆的高塑性黏土。它一般强度较高,压缩性低,易被误认为工程性能较好的土,但由于具有膨胀和收缩特性,在膨胀土地区进行工程建筑,如果不采取必要的设计和施工措施,会导致建筑物(构筑物)的开裂和损坏,往往造成坡地建筑场地崩塌、滑坡、地裂等问题。

我国是世界上膨胀土分布广、面积大的国家之一,据现有资料,广西、云南、湖北、河南、安徽、四川、河北、山东、陕西、浙江、江苏、贵州和广东等地均有不同范围的分布。按其成因大体有残坡积、湖积、冲洪积和冰水沉积等四个类型,其中以残坡积型和湖积型胀缩性最强。从形成年代看,一般为上更新统及其以前形成的土层。从分布的气候条件看,亚热带气候区的云南、广西等地的膨胀土与全国其他温带地区者比较,胀缩性明显强烈。

2.膨胀土的特征及其判别

(1)工程地质特征

① 膨胀土多分布于Ⅱ级以上的河谷阶地或山前丘陵地区,个别处于Ⅰ级阶地。在微地貌方面有如下共同特征:

a.呈垄岗式低丘,浅而宽的沟谷。地形坡度平缓,无明显的自然陡坎。

b.人工地貌,如沟渠、坟墓、土坑等很快被夷平,或出现剥落、"鸡爪冲沟";在池塘、库岸、河溪边坡地段常有大量坍塌或小滑坡发生。

c.旱季地表出现地裂,长数米至数百米、宽数厘米至数十厘米,深数米。特点是多沿地形等高线延伸,雨季裂缝闭合。

② 土质特征如下。

a.颜色呈黄、黄褐、灰白、花斑(杂色)和棕红等色。

b.多由高分散的黏土颗粒组成,常有铁锰质及钙质结核等零星包含物,结构致密细腻。一般呈坚硬—硬塑状态,但雨天浸水剧烈变软。

c.近地表部位常有不规则的网状裂隙。裂隙面光滑,呈蜡状或油脂光泽,时有擦痕或水迹,并由灰白色黏土(主要为蒙脱石或伊利石矿物)充填,在地表部位常因失水而张开,雨季又会因浸水而重新闭合。

（2）膨胀土的物理力学特性

黏粒含量为35%～85%，其中粒径小于0.002 mm的黏粒含量一般也在30%～40%范围内。液限一般为40%～50%，塑性指数多为22～35。

天然含水量接近或略小于塑限，常年不同季节变化幅度为3%～6%，故一般呈坚硬或硬塑状态。

天然孔隙比小，变化范围常为0.50～0.80。其天然孔隙比随土体湿度的增减而变化，即土体增湿膨胀，孔隙比变大；土体失水收缩，孔隙比变小。

自由膨胀量一般大于40%，也有超过100%的。

膨胀土在天然条件下一般处于硬塑或坚硬状态，强度较高，压缩性较低。但这种土层往往由于干缩，裂隙发育，呈现不规则网状与条带状结构，破坏了土体的整体性，降低承载力，并可能使土体丧失稳定性。同时，当膨胀土的含水量剧烈增大或土的原状结构被扰动时，土体强度会骤然降低，压缩性增高，这显然是由于土的内摩擦角和内聚力都相应减小及结构强度破坏。

（3）膨胀土的胀缩性指标

① 自由膨胀率。将人工制备的磨细烘干土样，经无颈漏斗注入量杯，量其体积，然后倒入盛水的量筒中，经充分吸水膨胀稳定后，再测其体积。增加的体积与原体积的比值称为自由膨胀率，用δ_{ef}表示。

$$\delta_{ef} = \frac{V_w - V_0}{V_0} \times 100\% \tag{9-4}$$

式中：V_0——土样原体积（mL）；

　　　V_w——土样在水中膨胀稳定后的体积（mL）。

② 膨胀率与膨胀力。膨胀率表示原状土在侧限压缩仪中，在一定压力下，浸水膨胀稳定后，土样增加的高度与原高度之比，用δ_{ep}表示。

$$\delta_{ep} = \frac{h_w - h_0}{h_0} \times 100\% \tag{9-5}$$

式中：h_0——土样原始高度（mm）；

　　　h_w——土样浸水膨胀稳定后的高度（mm）。

以各级压力下的膨胀率δ_{ep}为纵坐标，压力p为横坐标，将试验结果绘制成$p-\delta_{ep}$关系曲线，该曲线与横坐标的交点p_1称为试样的膨胀力。膨胀力表示原状土样在体积不变时，由于浸水膨胀产生的最大内应力。膨胀力在选择基础形式及基底压力时，是个很有用的指标。在设计上如果希望减少膨胀变形，应使基底压力接近于膨胀力。

③ 线收缩率与收缩系数。膨胀土失水收缩，其收缩性可用线收缩率与收缩系数表示。线收缩率δ_{sr}是指土的竖向收缩变形与原状土样高度之比。

$$\delta_{sr} = \frac{h_0 - h}{h_0} \times 100\%$$ (9-6)

式中：h_0——土样原始高度（mm）；

h——土样在温度 100 ~ 105 ℃ 烘至稳定后的高度（mm）。

根据不同时刻的线收缩率及相应含水量，可绘成收缩曲线。利用直线收缩段可求得收缩系数 λ_s，其定义为：原状土样在直线收缩阶段内，含水量每减少 1% 时所对应的线缩率的改变值，即

$$\lambda_s = \frac{\Delta\delta_{sr}}{\Delta w}$$ (9-7)

式中：$\Delta\delta_{sr}$——收缩过程中与两点含水量之差对应的竖向线收缩率之差（%）；

Δw——收缩过程中直线变化阶段两点含水量之差（%）。

（4）膨胀土的判别

凡具有下列工程地质特征的场地，且自由膨胀率 $\delta_{ef} \geq 40\%$ 的土应判定为膨胀土。

① 裂隙发育，常有光滑面和擦痕，有的裂隙中充填着灰白、灰绿色黏土。在自然条件下呈坚硬或硬塑状态。

② 多出露于Ⅱ级或Ⅱ级以上阶地、山前和盆地边缘丘陵地带，地形平缓，无明显自然陡坎。

③ 常见浅层塑性滑坡、地裂，新开挖坑（槽）壁易发生坍塌等。

④ 建筑物裂缝随气候变化而张开和闭合。

3. 影响膨胀土胀缩变形的主要因素

（1）影响膨胀土胀缩变形的主要内在因素

① 矿物成分。膨胀土主要由蒙脱石、伊利石等强亲水性矿物组成。蒙脱石矿物亲水性更强，具有既易吸水又易失水的强烈活动性。伊利石亲水性比蒙脱石低，但也有较高的活动性。蒙脱石矿物吸附外来的阳离子的类型对土的胀缩性也有影响，如吸附钠离子（钠蒙脱石）就具有特别强烈的胀缩性。

② 黏粒含量。由于黏土颗粒细小，比面积大，而且有很大的表面能，对水分子和水中阳离子的吸附能力强，因此，土中黏粒含量越多，则土的胀缩性越强。

③ 土的初始密度和含水量。土的胀缩表现于土的体积变化。对于含有一定数量的蒙脱石和伊利石的黏土，当其在同样的天然含水量条件下浸水，天然孔隙比越小，土的膨胀越大，而收缩越小；反之，孔隙比越大，收缩越大。因此，在一定条件下，土的天然孔隙比是影响胀缩变形的一个重要因素。此外，土中原有的含水量与土体膨胀所需的含水量相差越大时，则遇水后土的膨胀越大，而失水后土的收缩越小。

④ 结构强度。结构强度越大，土体抵制胀缩变形的能力也越强。当土的结构受

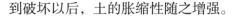

到破坏以后，土的胀缩性随之增强。

（2）影响膨胀土胀缩变形的主要外在因素

① 气候条件。气候条件是首要因素。从现有的资料分析，膨胀土分布地区年降雨量的大部分一般集中在雨季，尔后是延续较长的旱季。若建筑场地潜水位较低，则表层膨胀土受大气影响，土中水分处于剧烈变动之中。在雨季，土中水分增加，在干旱季节则减少。房屋建造后，室外上层受季节性气候影响较大，因此，基础的室内外两侧土的胀缩变形有明显差别，有时甚至外缩内胀，致使建筑物受到反复的不均匀变形的影响，从而导致建筑物的开裂。野外实测资料表明，季节性气候变化对地基土中水分的影响随深度的增加而递减。因此，确定建筑物所在地区的大气影响深度对防治膨胀土的危害具有实际意义。

② 地形地貌条件。如在丘陵区和山前区，不同地形和高程地段地基上的初始状态及其受水蒸发条件不同，因此，地基土产生胀缩变形的程度也各不相同。凡建在高旷地段膨胀土层上的单层浅基建筑物裂缝最多，而建在低洼处、附近有水田水塘的单层房屋裂缝就少。这是由于高旷地带蒸发条件好，地基土容易干缩，而低洼地带土中水分不易散失，且有补给源，湿度能保持相对稳定。

③ 日照、通风。有关膨胀土地基土建筑物开裂情况的许多调查资料表明，房屋向阳面，即南、西、东，尤其南、西两面外裂较多，背阳面即北面开裂很少，甚至没有。通风条件较好的情况下，地基土水分易于蒸发、土体收缩，从而引起砖墙裂缝。

④ 建筑物周围的阔叶树。在炎热和干旱地区，建筑物周围的阔叶树（特别是不落叶的桉树）会对建筑物的胀缩变形造成不利影响。尤其是在旱季，当无地下水或地表水补给时，由于树根的吸水作用，会使土中的含水量减少，更加剧了地基土的干缩变形，使近旁有成排树木的房屋产生裂缝。

⑤ 局部渗水。对于天然湿度较低的膨胀土，当建筑物内、外有局部水源补给（如水管漏水、雨水和施工用水未及时排除）时，必然会增大地基胀缩变形的差异。另外，在膨胀土地基上建造冷库或高温构筑物若无隔热措施，也会因不均匀胀缩变形而开裂。

（二）勘察技术要求

① 膨胀土地区的工程地质测绘和调查应包括下列内容：

a. 查明膨胀土的岩性、地质年代、成因、产状、分布以及颜色、节理、裂缝等外观特征。

b. 划分地貌单元和场地类型，查明有无浅层滑坡、地裂、冲沟以及微地貌形态和植被情况。

c. 调查地表水的排泄和积聚情况以及地下水类型、水位和变化规律。

d. 搜集当地降水量、蒸发力、气温、地温、干湿季节、干旱持续时间等资料，查明大气影响深度。

e. 调查当地建筑经验。

② 膨胀土的勘察应遵守下列规定：

a. 勘探点宜结合地貌单元和微地貌形态布置，其数量应较非膨胀土地区适当增加，其中采取试样的勘探点不应少于全部勘探点的1/2。

b. 勘探孔的深度，除应满足基础埋深和附加应力的影响深度外，还应超过大气影响深度。控制性勘探孔不应小于8 m，一般性勘探孔不应小于5 m。

c. 在大气影响深度内，每个控制性勘探孔均应采取Ⅰ、Ⅱ级土试样，取样间距不应大于1.0 m，在大气影响深度以下，取样间距可为1.5～2.0 m。一般性勘探孔从地表下1 m开始至5 m深度内，可取Ⅲ级土试样，测定其天然含水量。

③ 膨胀土的室内试验应测定下列指标：

a. 自由膨胀率。

b. 一定压力下的膨胀率。

c. 收缩系数。

d. 膨胀力。

重要的和有特殊要求的工程场地，宜进行现场浸水载荷试验、剪切试验或旁压试验。

对膨胀土应进行黏土矿物成分、体膨胀量和无侧限抗压强度试验。对各向异性的膨胀土，应测定其不同方向的膨胀率、膨胀力和收缩系数。

对初判为膨胀土的地区，应计算土的膨胀变形量、收缩变形量和胀缩变形量，并划分胀缩等级。计算和划分方法应符合现行国家标准《膨胀土地区建筑技术规范》（GB 50112—2013）的规定。有地区经验时，亦可根据地区经验分级。当拟建场地或其邻近有膨胀岩土损坏的工程时，应判定为膨胀岩土，并进行详细调查，分析膨胀岩土对工程的破坏机制，估计膨胀力的大小和胀缩等级。

④ 膨胀土的岩土工程评价应符合下列规定：

a. 对建在膨胀岩土上的建筑物，其基础埋深、地基处理、桩基设计、总平面布置、建筑和结构措施、施工和维护等应符合现行国家标准《膨胀土地区建筑技术规范》（GB 50112—2013）的规定。

b. 一级工程的地基承载力应采用浸水载荷试验方法确定，二级工程宜采用浸水载荷试验，三级工程可采用饱和状态下不固结不排水三轴剪切试验计算或根据已有经验确定。

c. 对边坡及位于边坡上的工程，应进行稳定性验算，验算时应考虑坡体内含水量变化的影响。均质土可采用圆弧滑动法，有软弱夹层及层状膨胀土应按最不利的滑动面验算，具有胀缩裂缝和地裂缝的膨胀土边坡，应进行沿裂缝滑动的验算。

第二节　不良地质作用和地质灾害的岩土工程勘察与评价

一、岩溶

(一) 岩溶概念

岩溶又称喀斯特，是指水对可溶性岩石进行以化学溶蚀作用为特征 (包括水的机械侵蚀和崩塌作用以及物质的携出、转移和再沉积) 的综合地质作用，以及由此所产生的现象的统称。

我国的岩溶无论是分布地域还是气候带，以及形成时代都有相当大的跨度，这使得不同地区岩溶发育各具特征。无论是何种类型的岩溶，其共同点是由于岩溶作用形成了地下架空结构，破坏了岩体完整性，降低了岩体强度，增加了岩石渗透性，也使得地表面参差不齐，以及碳酸盐岩极不规则的基岩面上发育出各具特征的地表风化产物——红黏土，这种由岩溶作用所形成的复杂地基常常会由于下伏溶洞顶板坍塌、土洞发育大规模地面塌陷、岩溶地下水的突袭、不均匀地基沉降等，对工程建设产生重要影响。

(二) 勘察技术要求

① 岩溶勘察宜采用工程地质测绘和调查、物探、钻探等多种手段相结合的方法进行，并应符合下列要求：

a. 可行性研究勘察应查明岩溶洞隙、土洞的发育条件，并对其危害程度和发展趋势作出判断，对场地的稳定性和工程建设的适宜性作出初步评价。

b. 初步勘察应查明岩溶洞隙及其伴生土洞、塌陷的分布、发育程度和发育规律，并按场地的稳定性和适宜性进行分区。

c. 详细勘察应查明拟建工程范围及有影响地段的各种岩溶洞隙和土洞的位置、规模、埋深、岩溶堆填物性状和地下水特征，对地基基础的设计和岩溶的治理提出建议。

d. 施工勘察应针对某一地段或尚待查明的专门问题进行补充勘察。当采用大直径嵌岩桩时，还应进行专门的桩基勘察。

② 岩溶场地的工程地质测绘和调查，除常规内容外，还应调查下列内容：

a. 岩溶洞隙的分布、形态和发育规律。

b. 岩面起伏、形态和覆盖层厚度。

c. 地下水赋存条件、水位变化和运动规律。

d. 岩溶发育与地貌、构造、岩性、地下水的关系。

e. 土洞和塌陷的分布、形态和发育规律。

f. 土洞和塌陷的成因及其发展趋势。

g. 当地治理岩溶、土洞和塌陷的经验。

③ 可行性研究和初步勘察宜以工程地质测绘和综合物探为主，岩溶发育地段应予以加密。测绘和物探发现的异常地段，应选择有代表性的部位布置验证性钻孔。控制性勘探孔的深度应穿过表层岩溶发育带。

④ 详细勘察应符合下列规定：

a. 勘探线应沿建筑物轴线布置，条件复杂时每个独立基础均应布置勘探点。

b. 当预定深度内有洞体存在，且可能影响地基稳定时，应钻入洞底基岩面下不少于2 m，必要时应圈定洞体范围。

c. 对一柱一桩的基础，宜逐柱布置勘探孔。

d. 在土洞和塌陷发育地段，可采用静力触探、轻型动力触探、小口径钻探等手段，详细查明其分布。

e. 当需查明断层、岩组分界、洞隙和土洞形态、塌陷等情况时，应布置适当的探槽或探井。

f. 物探应根据物性条件采用有效方法，对异常点应采用钻探验证，当发现存在可能危害工程的洞体时，应加密勘探点。

g. 凡人员可以进入的洞体，均应入洞勘察；人员不能进入的洞体，宜用井下电视等手段探测。

⑤ 施工勘察工作量应根据岩溶地基设计和施工要求布置。在土洞、塌陷地段，可在已开挖的基槽内布置触探或钎探。对于重要或荷载较大的工程，可在槽底采用小口径钻探进行检测。对大直径嵌岩桩，勘探点应逐桩布置，勘探深度应不小于底面以下桩径的3倍并不小于5 m，当相邻桩底的基岩面起伏较大时应适当加深。

⑥ 岩溶发育地区的下列部位宜查明土洞和土洞群的位置：

a. 土层较薄、土中裂隙及其下岩体洞隙发育部位。

b. 岩面张开裂隙发育，石芽或外露的岩体与土体交接部位。

c. 两组构造裂隙交会处和宽大裂隙带。

d. 隐伏溶沟、溶槽、漏斗等，其上有软弱土分布的负岩面地段。

e. 地下水强烈活动于岩土交界面的地段和大幅度人工降水地段。

f. 低洼地段和地表水体近旁。

⑦ 岩溶勘察的测试和观测宜符合下列要求：

a. 当追索隐伏洞隙的联系时，可进行连通试验。

b. 评价洞隙稳定性时，可采取洞体顶板岩样和充填物土样做物理力学性质试验，必要时可进行现场顶板岩体的载荷试验。

c. 当需查明土的性状与土洞形成的关系时，可进行湿化、胀缩、可溶性和剪切试验。

d. 当需查明地下水动力条件、潜蚀作用、地表水与地下水联系，预测土洞和塌陷的发生、发展时，可进行流速、流向测定和水位、水质的长期观测。

⑧ 当场地存在下列情况之一时，可判定为未经处理不宜作为地基的不利地段：

a. 浅层洞体或溶洞群，洞径大，且不稳定的地段。

b. 埋藏的漏斗、槽谷等，并覆盖有软弱土体的地段。

c. 土洞或塌陷成群发育地段。

d. 岩溶水排泄不畅，可能暂时淹没的地段。

⑨ 当地基属下列条件之一时，可以不考虑岩溶稳定性对二级和三级工程的不利影响：

a. 基础底面以下土层厚度大于独立基础宽度的3倍或条形基础宽度的6倍，且不具备形成土洞或其他地面变形的条件。

b. 基础底面与洞体顶板间岩土厚度虽小于a的规定，但符合下列条件之一：

第一，洞隙或岩溶漏斗被密实的沉积物填满且无被水冲蚀的可能。

第二，洞体为基本质量等级为Ⅰ级或Ⅱ级的岩体，顶板岩石厚度大于或等于洞跨。

第三，洞体较小，基础底面大于洞的平面尺寸，并有足够的支承长度。

第四，宽度或直径小于1.0 m的竖向洞隙、落水洞近旁地段。

⑩ 当不符合上述条件时，应进行洞体地基稳定性分析，并符合下列规定：

a. 顶板不稳定，但洞内为密实堆积物充填且无流水活动时，可认为堆填物受力，按不均匀地基进行评价。

b. 当能取得计算参数时，可将洞体顶板视为结构自承重体系进行力学分析。

c. 有工程经验的地区，可按类比法进行稳定性评价。

d. 在基础近旁有洞隙和临空面时，应验算向临空面倾覆或沿裂面滑移的可能。

e. 当地基为石膏、岩盐等易溶岩时，应考虑溶蚀继续作用的不利影响。

f. 对于不稳定的岩溶洞隙可建议采用地基处理或桩基础。

⑪ 岩溶勘察报告的分析评价应包括下列内容：

a. 岩溶发育的地质背景和形成条件。

b. 洞隙、土洞、塌陷的形态、平面位置和顶底标高。

c. 岩溶稳定性分析。

d. 岩溶治理和监测的建议。

二、滑坡

(一) 滑坡概念

滑坡是斜坡土体和岩体在重力作用下失去原有的稳定状态，沿着斜坡内某些滑动面 (或滑动带) 整体向下滑动的现象。滑坡具有如下特点：

① 滑动的岩土体具有整体性。

② 斜坡上岩土体的移动方式为滑动，不是倾倒或滚动。

③ 规模大的滑坡一般是缓慢地往下滑动，其位移速度多在突变加速阶段才显著。

一个典型滑坡所具有的基本形态要素包括滑坡体、滑坡床、滑动面 (带)、滑坡周界、滑坡壁、滑坡裂隙、滑坡台阶、滑坡舌等，其中滑坡体、滑坡床和滑动面 (带) 是最主要的。除上述要素外，还有一些滑坡标志，如滑坡鼓丘、滑坡泉、滑坡沼泽 (湖)、马刀树、醉汉林等。滑坡形成年代越新，则其要素和标志越清晰，人们越容易识别它。

(二) 勘察技术要求

拟建工程场地或其附近存在对工程安全有影响的滑坡或有滑坡可能时，应进行专门的滑坡勘察。滑坡勘察应进行工程地质测绘和调查，调查范围应包括滑坡及其邻近地段。比例尺可选用 1：1 000 ~ 1：200，用于整治设计时比例尺应选用 1：500 ~ 1：200。

① 滑坡区的工程地质测绘和调查除常规内容外，还应进行下列工作：

a. 搜集地质、水文、气象、地震和人类活动等相关资料。

b. 调查滑坡的形态要素和演化过程，圈定滑坡周界。

c. 调查地表水、地下水、泉和湿地等的分布。

d. 调查树木的异态、工程设施的变形等。

e. 调查当地治理滑坡的经验。对滑坡的重点部位应摄影或录像。

勘探线和勘探点的布置应根据工程地质条件、地下水情况和滑坡形态确定。除

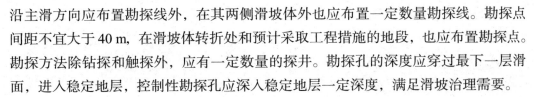

沿主滑方向应布置勘探线外，在其两侧滑坡体外也应布置一定数量勘探线。勘探点间距不宜大于 40 m，在滑坡体转折处和预计采取工程措施的地段，也应布置勘探点。勘探方法除钻探和触探外，应有一定数量的探井。勘探孔的深度应穿过最下一层滑面，进入稳定地层，控制性勘探孔应深入稳定地层一定深度，满足滑坡治理需要。

② 滑坡勘察应进行下列工作：

a. 查明各层滑坡面（带）的位置。

b. 查明各层地下水的位置、流向和性质。

c. 在滑坡体、滑坡面（带）和稳定地层中采取土试样进行试验。

③ 滑坡勘察时，土的强度试验宜符合下列要求：

a. 采用室内、野外滑面重合剪，滑带宜做重塑土或原状土多次剪试验，并求出多次剪和残余剪的抗剪强度。

b. 采用与滑动受力条件相似的方法。

c. 采用反分析方法检验滑动面的抗剪强度指标。

④ 滑坡的稳定性计算应符合下列要求：

a. 正确选择有代表性的分析断面，正确划分牵引段、主滑段和抗滑段。

b. 正确选用强度指标，宜根据测试成果、反分析和当地经验综合确定。

c. 有地下水时，应计入浮托力和水压力。

d. 根据滑面（带）条件，按平面、圆弧或折线，选用正确的计算模型。

e. 当有局部滑动可能时，除验算整体稳定外，还应验算局部稳定。

f. 当有地震、冲刷、人类活动等影响因素时，应考虑这些因素对稳定的影响。

⑤ 滑坡稳定性的综合评价，应根据滑坡的规模、主导因素、滑坡前兆、滑坡区的工程地质和水文地质条件，以及稳定性验算结果进行，并应分析发展趋势和危害程度，提出治理方案的建议。滑坡勘察报告分析评价应包括下列内容：

a. 滑坡的地质背景和形成条件。

b. 滑坡的形态要素、性质和演化。

c. 滑坡的平面图、剖面图和岩土工程特性指标。

d. 滑坡稳定性分析。

e. 滑坡防治和监测的建议。

三、危岩和崩塌

（一）危岩和崩塌概念

危岩和崩塌是威胁山区工程建设的主要地质灾害。危岩是指岩体被结构面切割，在外力作用下产生松动和塌落；崩塌是边坡破坏的一种形式，是指高、陡边坡的上部岩土体受裂隙切割，在重力作用下突然脱离母岩，翻滚坠落的急剧破坏现象，包括土崩、岩崩、山崩、岸崩等。

崩塌与滑坡相比，有如下特点。

（1）运动速度

滑坡运动多是缓慢的，而崩塌体运动速度快、发生猛烈。

（2）运动面

滑坡多沿固定的面或带运动，而崩塌没有固定的运动面。

（3）形态

滑坡发生后，仍保持原来的相对整体性，而崩塌体原来的整体性则完全遭到破坏。

（4）位移

一般滑坡的水平位移大于垂直位移，而崩塌体则以垂直位移为主。

（二）勘察技术要求

危岩和崩塌勘察宜在可行性研究或初步勘察阶段进行，应查明产生崩塌的条件及其规模、类型、范围，并对工程建设适宜性进行评价，提出防治方案的建议。危岩和崩塌地区工程地质测绘的比例尺宜采用1：1 000～1：500，崩塌方向主剖面的比例尺宜采用1：200。

① 危岩和崩塌的勘察除常规内容外，还应查明下列内容：

a.地形地貌及崩塌类型、规模、范围、崩塌体的大小和崩落方向。

b.岩体基本质量等级、岩性特征和风化程度。

c.地质构造，岩体结构类型，结构面的产状、组合关系、闭合程度、力学属性、延展及贯穿情况。

d.气象（重点是大气降水）、水文、地震和地下水的活动。

e.崩塌前的迹象和崩塌原因。

f.当地防治崩塌的经验。

② 当需判定危岩的稳定性时，宜对张裂缝进行监测。对有较大危害的大型危岩，应结合监测结果，对可能发生崩塌的时间、规模、滚落方向、途径、危害范围等进行预报。

各类危岩和崩塌的岩土工程评价应符合下列规定：

a.规模大，破坏后果很严重，难于治理的，不宜作为工程场地，线路应绕避。

b.规模较大，破坏后果严重的，应对可能产生崩塌的危岩进行加固处理，线路

应采取防护措施。

c.规模小，破坏后果不严重的，可作为工程场地，但应对不稳定危岩采取治理措施。

危岩和崩塌区的岩土工程勘察报告除常规内容外，还应阐明危岩和崩塌区的范围、类型，以及作为工程场地的适宜性，并提出防治方案的建议。

四、采空区

(一) 概述

1.采空区地表变形特征

采空区按开采的现状分为老采空区、现采空区、未来采空区三类。由于采空区是人为采掘地下固体资源留下的地下空间，会导致地下空间周围的岩土体向采空区移动。当开采空间的位置很深或尺寸不大时，则采空区围岩的变形破坏将局限在一个很小的范围内，不会波及地表；当开采空间位置很浅或尺寸很大时，采空区围岩变形破坏往往波及地表，使地表产生沉降，形成地表移动盆地，甚至出现崩塌和裂缝，以致危及地面建筑物安全，发生采空区场地特有的岩土工程问题。作为地下采空区场地，不同部位的变形类型和大小各不相同，且随时间发生变化，对建设工程都有重要影响。如铁路、高速公路、引水管线工程、工业与民用建筑等工程的选址及地基处理都必须考虑采空区场地的变形及发展趋势影响。

此外，采空区还会诱发冒顶、片帮、突水、矿震、地面塌陷等地质灾害。

大量采空区调查资料表明，采空区的地表变形特征主要表现如下。

(1) 地表变形分区

当地下固体矿产资源开采影响到地表以后，在地下采空区上方地表将形成一个凹陷盆地，或称为地表移动盆地。一般来说，地表移动盆地的范围要比采空区面积大得多，盆地近似呈椭圆形。在矿层平缓和充分采动的情况下，发育完全的地表移动盆地可分为三个区：

① 中间区。中间区位于采空区正上方，其地表下沉均匀，地面平坦，一般不出现裂缝，地表下沉值最大。

② 内边缘区。内边缘区位于采空区内侧上方，其地表下沉不均匀，地面向盆地中倾斜，呈凹形，一般不出现明显的裂缝。

③ 外边缘区。外边缘区位于采空区外侧矿层上方，其地表下沉不均匀，地面向盆地中心倾斜，呈凸形，常有张裂缝出现。地表移动盆地和外边界，常以地表下沉10 mm 的标准圈定。

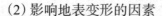

（2）影响地表变形的因素

研究表明，采空区地表变形的大小及发展趋势、地表移动盆地的形态与范围等受多种因素的影响，归纳起来主要有以下几种：

① 矿层因素。表现在矿层埋深越大（开挖深度越大），变形扩展到地表所需的时间越长，地表变形值越小，地表变形比较平缓均匀，且地表移动盆地范围较大。矿层厚度越大，采空区越大，促使地表变形值增大。矿层倾角越大，水平位移越大，使地表出现裂缝的可能性加大，且地表移动盆地与采空区的位置也不对称等。

② 岩性因素。上覆岩层强度高且单层厚度大时，其变形破坏过程长，不易影响到地表。有些厚度大的坚硬岩层，甚至长期不发生地表变形；而强度低、单层厚度薄的岩层则相反。脆性岩层易出现裂缝，而塑性岩层则往往表现出均匀沉降变形。另外，地表第四系堆积物越厚，则地表变形值越大，但变形平缓均匀。

③ 地质构造因素。岩层节理裂隙发育时，会促使变形加快，变形范围增大，扩大地表裂隙区。而断层则会破坏地表变形的正常规律，改变移动盆地的范围和位置。同时，断层带上的地表变形会更加剧烈。

④ 地下水因素。地下水活动会加快变形速率，扩大变形范围，增大地表变形值。

⑤ 开采条件因素。矿层开采和顶板处理方法及采空区的大小、形状、工作面推进速度等都影响地表变形值、变形速度和变形方式。若以柱房式开采和全充填法处理顶板时，对地表变形影响较小。

2. 采空区防治措施

采空区的防治以预防为主，如采用充填法采矿。其治理视具体情况而论，如小窑浅部采空区可用全充填压力注浆法或用钻孔灌注桩嵌入采空区底板。

在采空区通常采取下列措施防止地表和建筑物变形。

（1）开采工艺措施

① 采用充填法处置顶板，及时全部充填或二次充填，以减小地表下沉量。

② 减小开采厚度，或采用条带法开采，使地表变形不超过建筑物的允许变形值。

③ 增大采空区宽度，使地表移动均匀。

④ 控制开采，使开采推进速度均匀、合理。

（2）采空区场地上建筑物的设计措施

① 建筑物长轴应垂直于工作面的推进方向。

② 建筑物平面形状应力求简单。

③ 基础底部应位于同一标高和岩性均一的地层上，否则应设置沉降缝分开。当基础埋深不相等时，应采用台阶过渡。建筑物不宜采用柱廊和独立柱。

④ 加强基础刚度和上部结构强度。

⑤ 建筑物的不同结构单元应相对独立，建筑物长高比不宜大于2.5。

(二) 勘察技术要求

采空区勘察应查明老采空区上覆岩层的稳定性，预测现采空区和未来采空区的地表移动、变形特征和规律，判定其作为工程场地的适宜性。

采空区的勘察宜以搜集资料、调查访问为主，并应查明下列内容。

① 矿层的分布、层数、厚度、深度、埋藏特征和上覆岩层的岩性、构造等。

② 矿层开采的范围、深度、厚度、时间、方法和顶板管理，采空区的塌落、密实程度、空隙和积水等。

③ 地表变形特征和分布，包括地表陷坑、台阶、裂缝的位置、形状、大小、深度、延伸方向及其与地质构造开采边界、工作面推进方向等的关系。

参考文献

[1] 李顺群，高凌霞，郭林坪.环境岩土工程概论[M].北京：中国建筑工业出版社，2024.

[2] 叶洪东.工业废渣与特殊土料在岩土工程中的应用与实践[M].石家庄：河北科学技术出版社，2024.

[3] 张洁.复杂岩土及地质工程可靠度分析方法[M].上海：同济大学出版社，2024.

[4] 田泽鑫，孙领辉，毛成磊.地质灾害分析与治理技术研究[M].北京：北京工业大学出版社，2024.

[5] 张明龙.防治和减轻自然灾害研究的新进展[M].北京：知识产权出版社，2024.

[6] 黄雨，毛无卫，郭桢.地质灾害机理与防治[M].北京：科学出版社，2023.

[7] 苏天明，祝介旺，孙强.公路高边坡崩塌地质灾害防控[M].北京：科学出版社，2023.

[8] 杨砚宗，王俊淞.岩土工程设计施工优化实践[M].上海：同济大学出版社，2023.

[9] 刘之葵，牟春梅，谭景和.岩土工程勘察[M].2版.北京：中国建筑工业出版社，2023.

[10] 胡励耘，赵建，谭本兴.地质勘查与岩土工程[M].长春：吉林科学技术出版社，2023.

[11] 刘开云.智能岩土工程导论[M].北京：北京交通大学出版社，2023.

[12] 顾展飞，张明飞，郑宾国.岩土工程测试与检测技术[M].北京：中国建筑工业出版社，2023.

[13] 刘振红.库区地质灾害监测预警信息技术研究[M].郑州：黄河水利出版社，2023.

[14] 刘奎荣，余东亮，周广.管道地质灾害监测数据挖掘及预警模型研究与应用[M].成都：西南交通大学出版社，2022.

[15] 沈小康.岩土工程勘察与施工 [M].成都：四川科学技术出版社，2022.

[16] 朱志铎.岩土工程勘察 [M].南京：东南大学出版社，2022.

[17] 曹方秀.岩土工程勘察设计与实践 [M].长春：吉林科学技术出版社，2022.

[18] 刘兴智，王楚维，马艳.地质测绘与岩土工程技术应用 [M].长春：吉林科学技术出版社，2022.

[19] 蔡升华，任治军，葛阳.智能化算法与电力岩土工程勘测 [M].武汉：中国地质大学出版社，2022.

[20] 董忠级，张吉宏.尾矿堆积坝岩土工程技术理论与实践 [M].北京：中国计划出版社，2022.

[21] 韩亚明，王海林.岩土工程 [M].沈阳：辽宁科学技术出版社，2022.

[22] 谭卓英.岩土工程勘测技术 [M].北京：清华大学出版社，2022.

[23] 代德富，胡赵兴，刘伶.地质灾害防灾减灾体系理论与建设 [M].北京：北京工业大学出版社，2021.

[24] 张明媚.多特征分水岭影像分割斜坡地质灾害提取 [M].徐州：中国矿业大学出版社，2021.

[25] 汤爱平.岩土地震工程 [M].哈尔滨：哈尔滨工业大学出版社，2021.

[26] 汪华安，周川，王占华.海上风电场工程勘测技术 [M].北京：中国水利水电出版社，2021.

[27] 余正良，王东，龚丕仁.岩土工程施工技术与实践 [M].武汉：华中科技大学出版社，2021.

[28] 耿大新，曾润忠.高速铁路隧道工程 [M].北京：中国铁道出版社，2021.

[29] 张泰丽，闫亚景，孙强.物探技术在台风暴雨型地质灾害成灾条件中的识别应用 [M].武汉：中国地质大学出版社，2021.

[30] 邵芸，谢酬，张风丽.雷达地质灾害遥感 [M].北京：科学出版社，2021.

[31] 徐智彬，刘鸿燕.地质灾害防治工程勘察 [M].重庆：重庆大学出版社，2020.